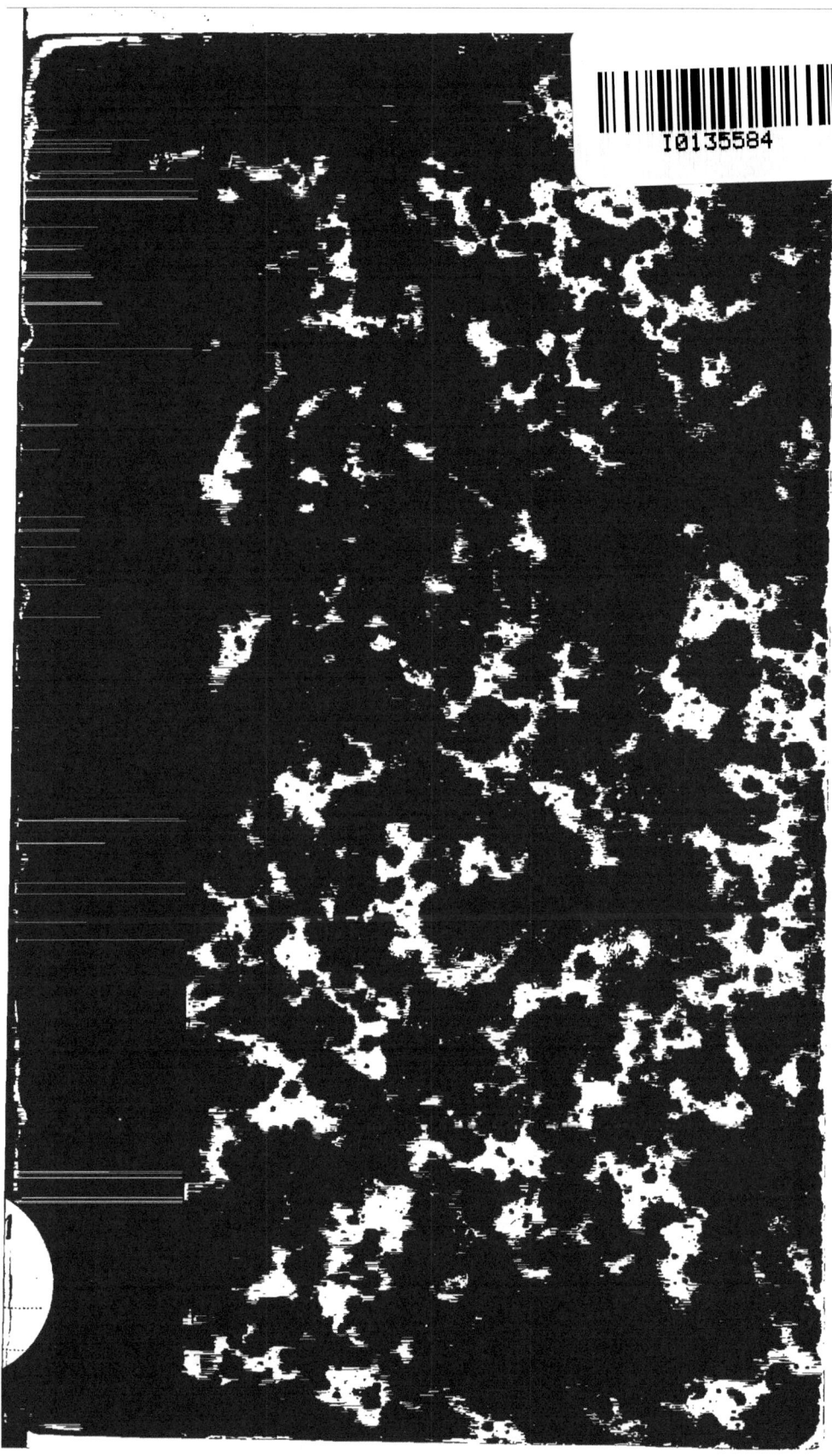

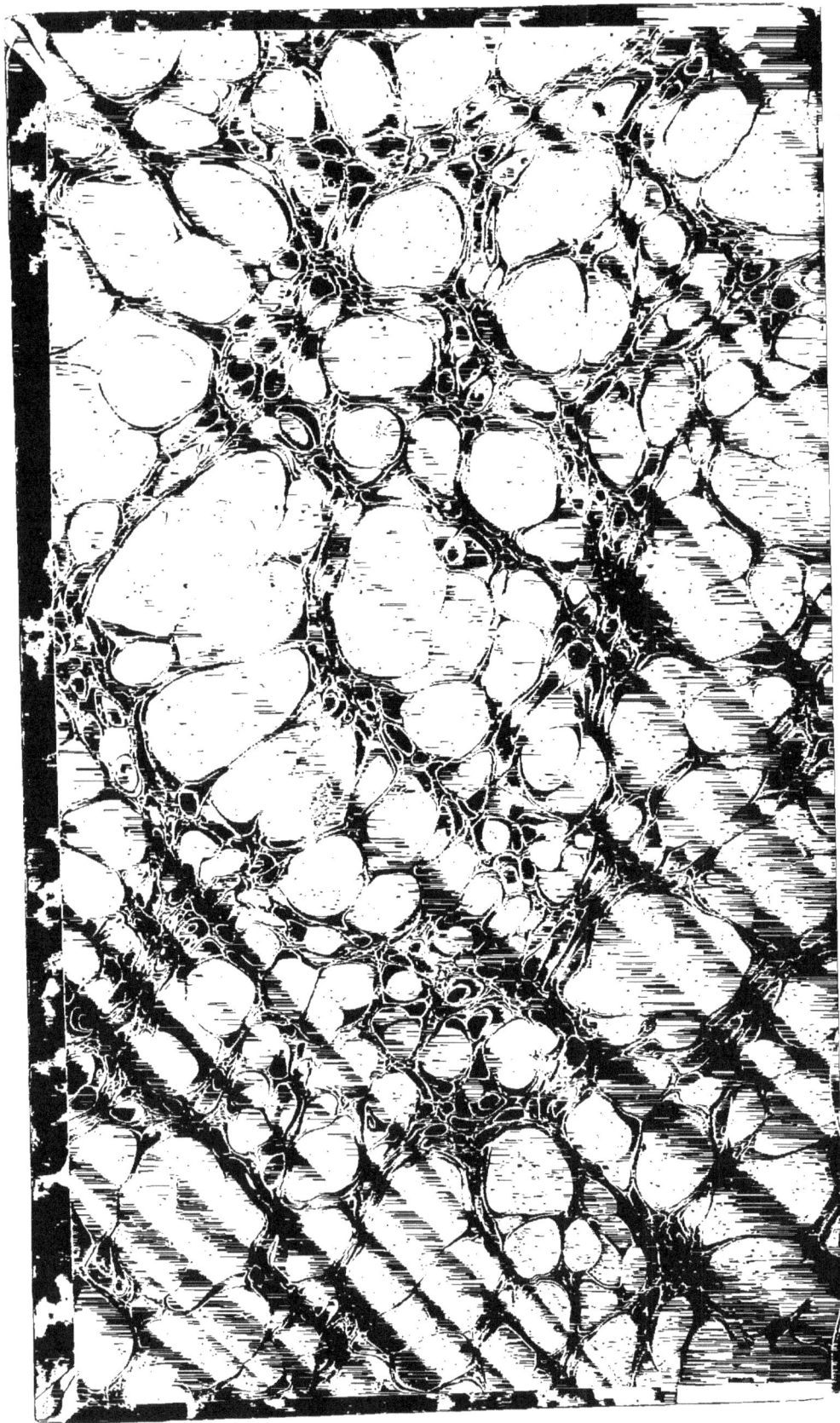

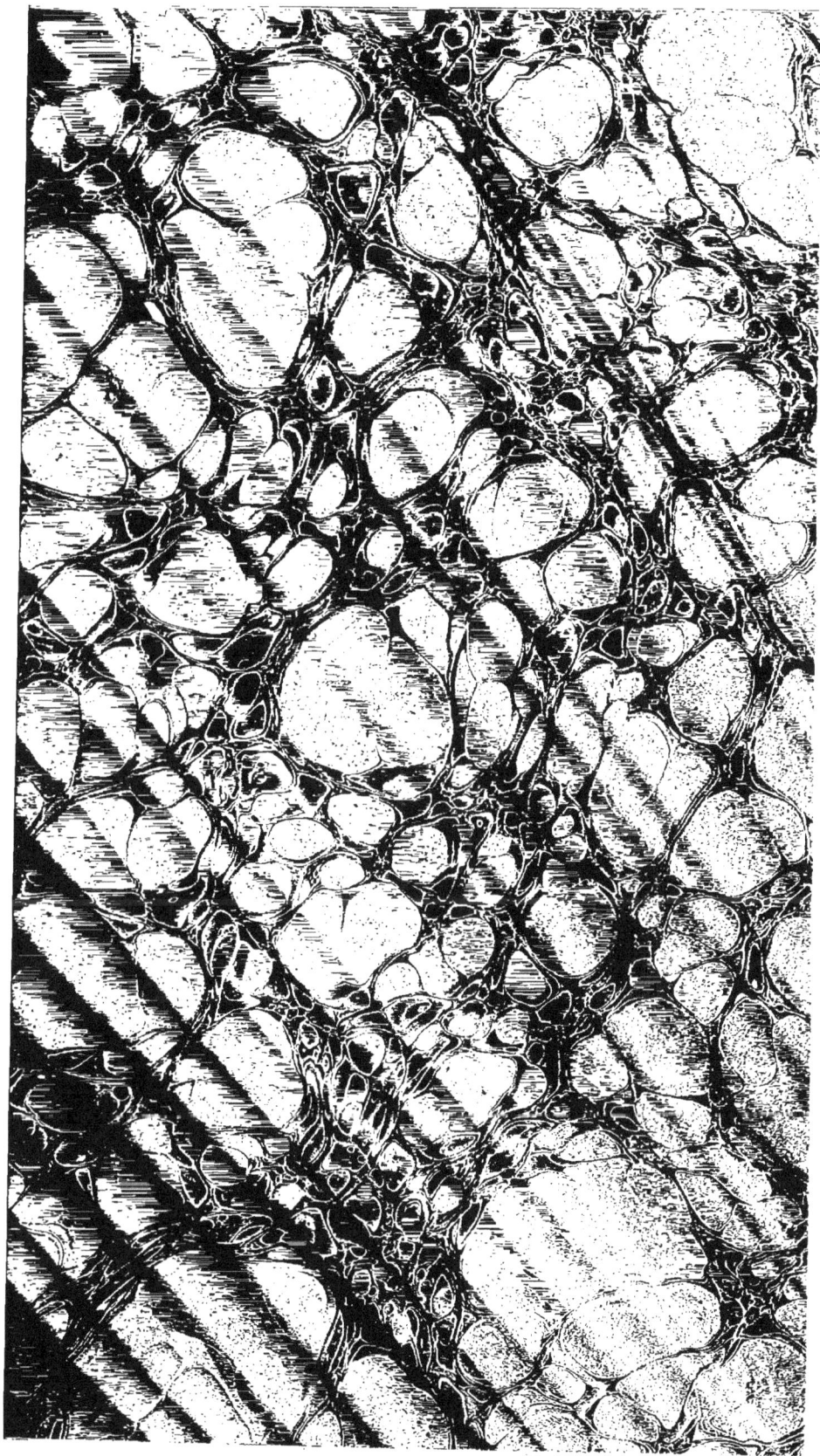

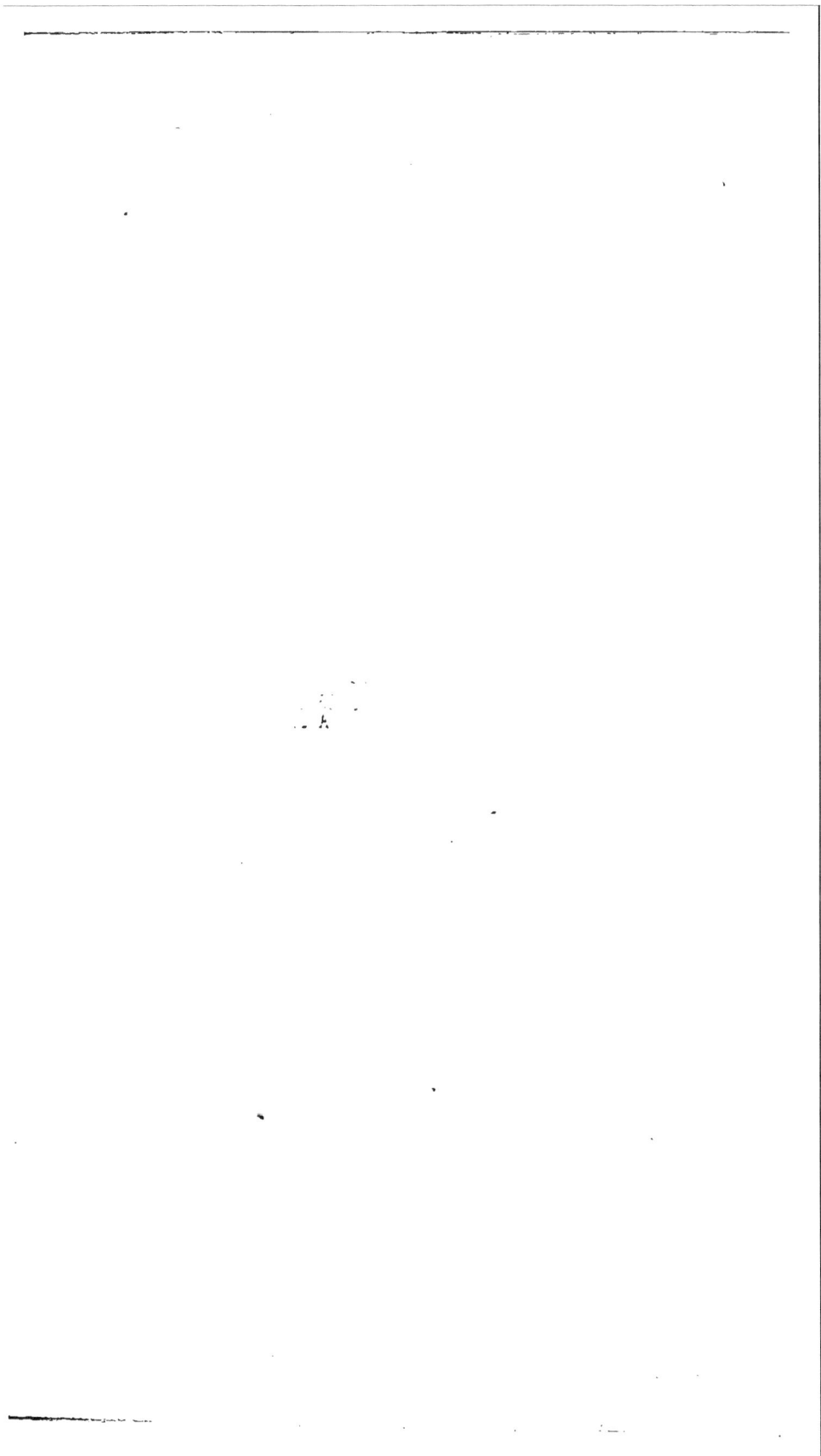

T₆ ¹4

T 3310.
Aug.

CONSEILS

SUR LA

MANIÈRE D'ÉTUDIER

LA PHYSIOLOGIE DE L'HOMME.

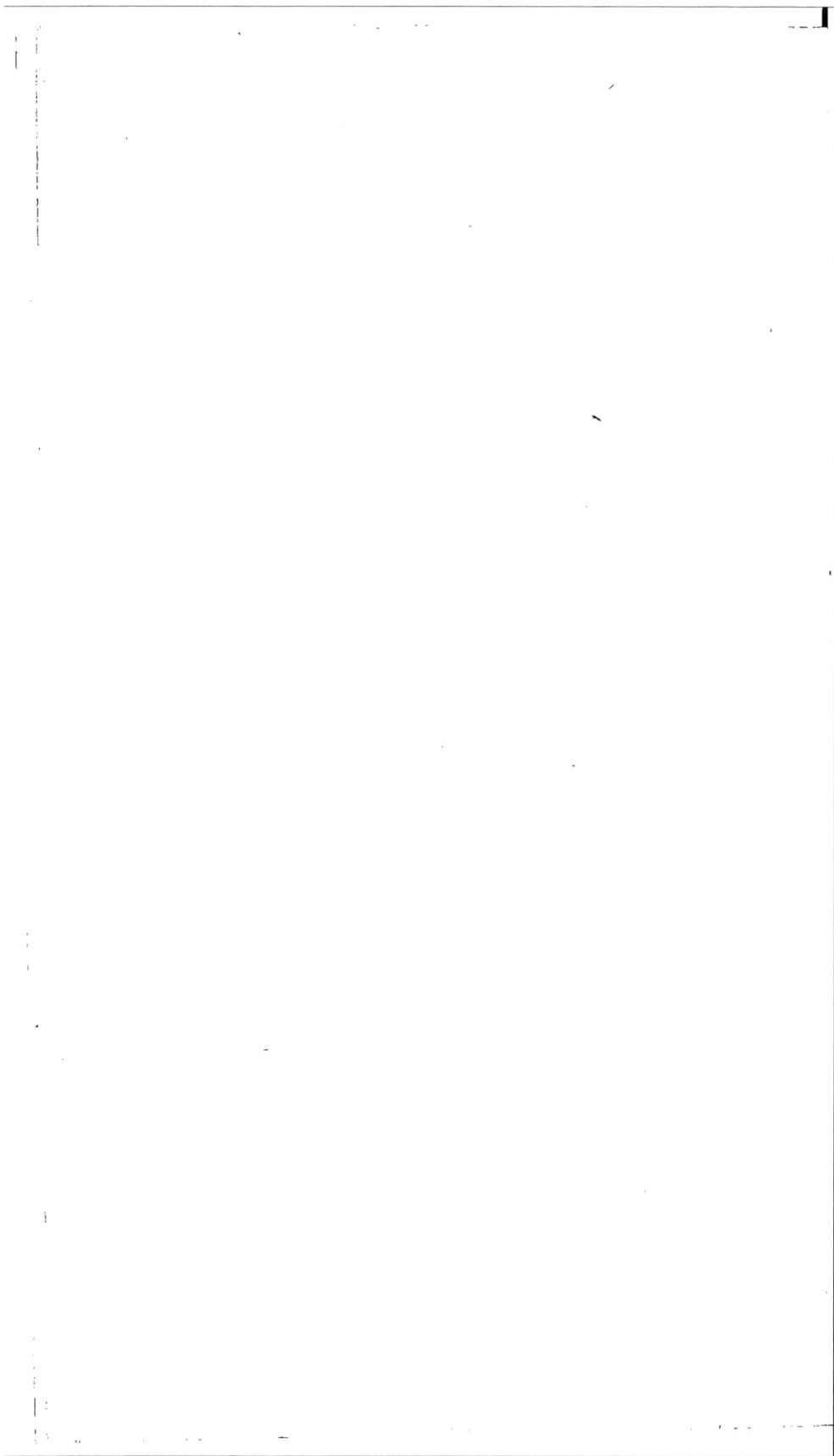

CONSEILS

SUR LA

MANIÈRE D'ÉTUDIER

LA PHYSIOLOGIE DE L'HOMME,

*Adressés à Messieurs les Elèves de la
Faculté de Médecine de Montpellier;*

PAR JACQUES LORDAT,

Professeur d'Anatomie et de Physiologie de la même
Faculté.

A MONTPELLIER,

Chez DELMAS, Libraire breveté, place
St.-Pierre, vis-à-vis l'Ecole de Médecine.

1813.

CONSEILS

SUR LA

MANIÈRE D'ÉTUDIER

LA PHYSIOLOGIE DE L'HOMME.

La Bruyère a dit que : *si certains hommes ne vont pas dans le bien jusques où ils pourroient aller, c'est par le vice de leur première instruction* (1). Quelque juste que soit cette maxime en morale, elle l'est peut-être encore plus dans les sciences ; des premières idées dépendent en effet les

_____

(1) Les caractères ou les mœurs de ce siècle, Chap. XI.

1

progrés qu'on peut y faire. Elle y est surtout d'une application plus générale et ne regarde pas seulement *certains hommes ;* parce que le génie qui, dans ce cas, peut tenir lieu de la première instruction, ou même la corriger, est beaucoup plus rare que la conscience qui peut y suppléer dans l'autre.

L'exactitude des premières idées, dans les sciences physiques, dépend elle-même du point de vue sous lequel on considère l'objet qu'on se propose d'étudier, des moyens d'investigation dont on se sert pour la recherche des faits, et de la méthode qu'on suit pour en déduire des conséquences générales. Le premier service que doivent donc vous rendre ceux qui sont chargés de vous diriger, jeunes Élèves, c'est de vous indiquer dans cet objet les faces qui vous intéressent, de mettre à votre disposition les instrumens les plus sûrs pour les explorer, et de vous rappeler sans cesse à la bonne manière de philosopher.

Les règles qu'on peut prescrire sur ces trois points sont plus ou moins obligatoires, selon que la science est pratique ou spéculative. Établir des principes qui doivent servir de fondement à un art, est une affaire autrement sérieuse , que de chercher à prouver des opinions ou même des vérités stériles, dans la seule vue d'exercer l'entendement. Aussi , dans les conseils que je vais vous donner, je n'oublierai jamais votre destination : ayez-la vous-même toujours devant les yeux durant le cours de vos études , si vous ne voulez pas risquer de perdre un temps précieux à des recherches trop étrangères à votre sujet. Que nous importe que vous marchiez , si les pas que vous faites ne vous approchent pas du but où vous devez tendre ?

Bien des gens étudient la Physiologie uniquement pour satisfaire leur curiosité, et pour essayer les forces de leur esprit sur une science qui présente autant d'attrait qu'aucune autre. Il n'est pas sûr pour vous de les prendre pour guides , ni d'adopter leurs méthodes. Comme c'est sur-tout du plaisir qu'il leur faut , ils sont sujets à sacrifier l'utile à l'agréable , le sûr au commode , le vrai à l'ingénieux. Quant à vous , jeunes Élèves , vous êtes appelés à exercer l'art dont le but est de soulager nos maux physiques , et de réparer les désordres qui troublent l'économie de notre corps. La première étude qui doit vous occuper est

celle des lois de cette économie (1). La
Physiologie humaine n'est donc pas pour
vous une science de pure spéculation ,
puisqu'elle est la base sur laquelle reposent
les dogmes et les règles de la médecine pratique. L'influence que cette première étude
aura sur toutes celles qui la suivront , vous
fait un devoir de préférer la méthode la
plus sévère. Il ne vous est permis ni
d'employer d'autres momens que ceux du
délassement à résoudre des questions étrangères à l'art de guérir ou à chercher des
rapports stériles , ni de négliger les moyens les plus sûrs de parvenir à la vérité,
fussent-ils les plus dégoûtans , ni d'adopter
la théorie la plus brillante , si elle est en
opposition avec un seul fait. Cette austé-
rité pourra vous coûter quelques jouissances
intellectuelles; mais elle vous procurera un
plaisir moral inestimable , celui de sentir
que vous êtes constamment utiles (2).

---

(1) *Natura corporis est in medicinâ principium*
studii. Hippocrat. de locis in homine.

(2) *Cognitio contemplatioque naturæ manca quo-*
dammodo atque inchoata fit , si nulla actio rerum
consequatur. Ea autem actio in hominum commodis
tuendis maximè cernitur. Pertinet igitur ad socie-

I. Tâchez, avant tout, de vous faire une idée claire du véritable objet de la Physiologie humaine.

L'Homme, pendant toute la durée de son existence, présente à l'observation une série non interrompue d'actes, d'opérations, de changemens dont la simple description constitue son histoire naturelle. La conservation du corps, au milieu d'un grand nombre d'agens physiques et chimiques de destruction, la digestion, la nutrition, l'accroissement, les sécrétions, la respiration, les sensations, la pensée, les passions, les mouvemens, la succession alternative de la veille et du sommeil, les mutations amenées par les progrès de l'âge, la génération, les maladies, leur guérison spontanée, la mort: voilà ce que nous voyons, et ces effets suffiroient certes pour nous exciter à la recherche des causes, quand même un intérêt plus puis-

---

tatem generis humani. Ergò hæc cognitioni ante-ponenda est. Cicero, de officiis, Lib. I.

Au reste, la métaphysique et la morale peuvent recevoir quelques lumières de la Physiologie. En payant un tribut à ces sciences, le physiologiste y trouve une diversion agréable sans cesser un instant de se conformer à la maxime de l'orateur romain.

sant que la curiosité ne nous en commanderoit pas l'étude.

Comme il est impossible d'apercevoir aucun rapport entre la pensée et les propriétés connues de la matière, on a de bonne heure séparé cette opération d'avec les phénomènes qui sont évidemment corporels, et on l'a rapportée à une cause spéciale qui fait l'objet de la Psychologie. Les plus grands physiologistes modernes ont tenu la même conduite; et quand on voudroit faire abstraction de l'influence que la manière de voir à cet égard doit exercer sur la morale, il me semble que tout homme sensé aimera mieux cette distinction des causes, que de dire, avec un grave Auteur de nos jours, que *le cerveau sécrète la pensée comme le foie sécrète la bile.* Au reste, la Physiologie, en cédant à une autre science la considération de cet admirable phénomène, ne se croit pas dispensée de constater l'action réciproque du corps sur les opérations de l'Être pensant, et de l'Être pensant sur les fonctions du corps; la médecine pratique a trop d'intérêt à connoître ces relations, pour qu'elles puissent être négligées par la Physiologie.

Les phénomènes de l'état de maladie

n'ayant paru que le résultat d'une imperfection de la constitution du corps , des effets d'un désordre survenu dans la machine ; les médecins ont jugé à propos de les soustraire encore du nombre de ceux dont le physiologiste doit particulièrement s'occuper , et d'en faire le sujet de la pathologie , autre branche très - étendue de la science de l'Homme.

Ce sont donc les phénomènes corporels de l'état-de santé qui sont proprement le sujet de la Physiologie ; quant à son objet formel, le voici. Ces phénomènes apparens ont pour cause d'autres phénomènes cachés qui se passent dans l'intérieur du corps. Il s'agit d'aller à la recherche de ces derniers, d'assigner l'ordre de leur filiation et le mode de leur combinaison ; de suivre leurs successions, depuis les phénomènes apparens jusqu'aux actes les plus élevés que notre esprit puisse apercevoir dans ces chaînes ; de déterminer le nombre des principes d'action , d'après celui de ces actes , et d'établir les lois selon lesquelles ces agens produisent leurs effets (1).

_____

(1) Comme tous les phénomènes ont une fin utile, et que les cachés sont la cause des apparens , ils portent tous également le nom de fonctions , nom qui semble signifier des actes relatifs à une destination.

Si je ne m'abuse pas, l'objet de la Physiologie est plus clairement indiqué dans ce problème que dans la plupart des définitions. Les
unes ont le défaut de promettre plus que la
science ne peut tenir, comme celle de Castelli
(1) : *C'est la science qui explique la santé,
ses causes et ses accidens ou modifications.*
D'autres ont celui de présenter le sujet d'une
manière trop abstraite, sans faire sentir
le rapport sous lequel on l'envisage, comme
celle-ci : *c'est la science de la vie;* ou cette
autre : *c'est la partie de la médecine qui
s'applique à rechercher la constitution de
l'Homme* (2). D'autres ont celui de ne
montrer l'objet formel de la Physiologie que
d'une manière extrémement incomplète,
comme celle de Haller : *la Physiologie est
l'histoire* (enarratio) *de tous les mouvemens extérieurs et intérieurs qui s'opèrent
dans l'Homme;* et celle de M. Caldani :

---

(1) *Lex. v. Physiol.* Celle de M. Prochaska me
paroît avoir le même vice : *Physiologia....... singu-
larum ejus (hominis) partium , quibus compositus
est , forma , situs , nexus , structura , vires et
officia* EXPLICANTUR , QUO CLARE PATEAT
*quemadmodum ex mutuo illarum auxilio vita et
sanitas dependeat. Inst. physiol.,* §. 2.

(2) Gorræus , Varandæus , etc.

c'est la science qui décrit la structure, les fonctions et les usages des diverses parties du corps (1).

En rédigeant ce problème, je me suis aussi attaché à n'y introduire aucune condition dont la possibilité ne soit démontrée. Je n'ai pas voulu, comme certains, vous imposer l'obligation d'analyser les phénomènes du corps vivant, jusqu'à ce que vous les ayez ramenés aux lois générales de la physique et de la chimie ; ou de les expliquer par telles propriétés vitales dont il m'auroit plu de déterminer le nombre. Ici on ne préjuge rien ; on ne vous fait pas un devoir de trouver ce qu'on s'imagine être la vérité ; on ne pense pas être en état de circonscrire le nombre des principes d'action, et de soutenir que la science sera complète, quand ils vous suffiront pour rendre raison de tout (2).

---

(1) *Inst. physiol.*, C. I.

(2) Si nous ne ramenons pas tous les phénomènes aux lois générales de la matière, a-t-on dit, il faut s'en prendre à l'ignorance où nous sommes de quelques faits intermédiaires. Mais puisque cette ignorance est générale, d'où sait-on que de plus grandes lumières nous conduiroient à ce résultat ?

On ne vous demande que de ne pas vous écarter de l'objet qui vient de vous être indiqué, de compter pour rien tout ce qui ne nous aide pas à le remplir, d'aller aussi loin que les faits concluans vous le permettront, et de vous arrêter dès qu'ils vous manqueront. Si vous ne parcourez pas un long chemin, il est sûr au moins que vous ne vous égarerez pas.

II. La méthode que plusieurs Auteurs ont suivie dans des Traités fort estimés, me suggère une question. Convient-il de faire précéder l'étude de la Physiologie humaine de celle des principes de la Physiologie générale de tous les êtres organisés, ou au moins de la Physiologie des animaux, principes dont la Physiologie de l'homme ne seroit qu'une application particulière ? En d'autres termes, la connoissance de quelques résultats généraux, obtenus par la comparaison de tous les animaux connus, prépare-t-elle avantageusement l'esprit à la Physiologie humaine, et en abrége-t-elle l'étude ?

Je ne puis m'empêcher de remarquer, en passant, qu'on n'a jamais tant exalté en théorie les méthodes analytiques d'exposition, et que jamais on n'a plus constamment

suivi la synthèse dans les ouvrages didac-
tiques. Toujours des vues générales , des
principes abstraits , et ensuite les faits
particuliers. Je ne blâme ni n'approuve ,
mais cette contradiction me frappe.

Après y avoir bien réfléchi , je trouve
que l'utilité de cette Physiologie générale
pour notre objet , est très - difficile à démontrer. En effet , cette science se compose , 1.º de l'analyse de plusieurs idées
complexes , telles que celles de *vie* , d'*ani-*
mal, de *végétal*; 2.º de quelques recherches
sur les fonctions qui sont communes à tous les
animaux ; 3.º de conjectures sur les conditions
essentielles de la vie ; 4.º de considérations
relatives aux fonctions qui s'exécutent dans
certains animaux et dont d'autres sont
privés ; 5.º de l'énumération des différences
très-nombreuses que présentent les organes
par lesquels ces fonctions sont exercées ,
et des combinaisons que ces organes offrent
dans les diverses espèces.

1.º Mais d'abord les idées qu'on travaille
si péniblement à éclaircir , sont des notions
abstraites que presque tous les hommes possèdent également sans s'en rendre compte
et qui sont par rapport à la Physiologie ,
ce qu'est par rapport à la géométrie , la

ligne droite, que personne n'a bien définie, et que tout le monde conçoit de la même manière (1).

2.º Quant aux fonctions générales, l'idée qu'on en a, tient de si près à celle d'animal, qu'il n'est pas possible de les séparer et je ne crois pas qu'on apprenne rien à personne, quand on dit que tout animal sent et qu'il exécute des mouvemens au moins intrinsèques.

3.º Tout semble prouver qu'il n'y a point de condition générale et indispensable à laquelle on puisse rapporter la vie ; que la Nature, comme parle M. Prochaska, a divers moyens de produire ce phénomène. Il est au moins certain que, de ce qui tombe sous nos sens, rien n'est commun à tout ce qui vit, rien ne détermine constamment et infailliblement la vie (2). Il s'ensuit

_____

(1) D'Alembert, Élémens de Philosophie.

(2) Aristote cherche quels sont les organes communs à tous les animaux ; il ne trouve que l'ouverture pour recevoir les alimens, et la cavité pour les conserver, c'est-à-dire, la bouche et l'estomac. (*De hist. anim.*, *lib. 1*, c. 2). Sur cela, je fais les remarques suivantes : 1.º il est des animaux chez lesquels la bouche et l'estomac ne sont pas des *organes* ou des *parties* ; mais seulement, un passage et un

qu'après avoir appris, par la voie de l'expérience, quelles sont les conditions auxquelles tient la vie d'une espèce, on n'en
peut rien conclure avec sûreté pour les
autres, et qu'un semblable examen doit être
fait directement sur chacune.

4.º Pour tout le reste, je ne vois pas
comment une galerie d'organes très-diffé-
rens, et de combinaisons diverses de ces
organes, pourroit abréger et faciliter l'étude
de l'Homme. Si dans ces assortimens, on
apercevoit une nécessité qui liât un tel système avec un tel autre, qui lorsque certains
organes seroient réunis, rendît indispensable
la présence d'une partie déterminée; on trou-
veroit dans ces études préliminaires le moyen
de deviner une grande partie de la Physiologie
et de l'anatomie humaines. Quand un homme

---

sac résultant de la conformation générale de l'animal
en manière de poche. Il en est ainsi dans les actinies et
dans les polypes à bras. 2.º Ces circonstances de
structure, nécessaires pour prendre et pour garder la
nourriture, ne peuvent pas être évidemment considérées
comme la cause de la vie ; il est si vrai qu'elles
sont indifférentes dans la production des phénomènes
vitaux, que si l'on désorganise l'animal par une ou
plusieurs sections entières, chaque partie jouit de la
plénitude de la vie, et a le pouvoir de se compléter.

est savant dans les mécaniques, il lui suffit
de connoître les bases d'une machine compliquée dont il voit les effets pour en suppléer
bientôt tous les détails. Mais dans la structure
des animaux, on ne découvre point de nécessité; lors même qu'on ne connoît aucune
exception à un fait général d'anatomie,
personne n'oseroit prononcer que sa constance dépend de l'incompatibilité ou de la
concomitance indissoluble de deux organes.
Après ce qu'on a vu dans l'ornithorhynque
(1), un homme prudent ne doit assurer
l'impossibilité d'aucune combinaison, fût-
elle aussi bizarre que celle des griffons ou
des sphinx.

D'après cela, comment un élève muni
de ces résultats fera-t-il des progrès plus
rapides dans la Physiologie humaine, si
aucune notion générale ne le dispense d'un

_____

(1) Animal de la Nouvelle Hollande, dont le corps,
à l'exception de la tête, ressemble en petit à celui d'une
loutre, mais qui, au lieu de mâchoires, a un véritable
bec (Sonnini). La dissection a fait connoître qu'il avoit
des rapports avec les oiseaux, non-seulement par
cet organe, mais encore par ceux de la circulation
et de la respiration, et par la forme de l'épaule; et
avec les reptiles, par ceux de la locomotion et de la
génération (M. de Blainville).

examen particulier ? L'ordre inverse des études me paroît plus sûr et plus court. Il est bien plus facile à celui qui connoît parfaitement un terme de comparaison, de saisir les propositions générales, qu'à celui qui ne connoît que ces dernières, de se faire une idée exacte des faits auxquels elles se rapportent.

Ajoutons qu'il ne convient pas de donner sa confiance à des propositions générales, avant qu'on ait acquis au moins quelques faits particuliers qui puissent servir à les vérifier, et de se mettre ainsi à la merci de ceux qui, en les établissant, n'ont peut-être eu qu'une connoissance imparfaite du seul être qu'il nous importe d'étudier à fond.

Mais, vous dit-on, en habituant l'esprit à l'étude d'un sujet isolé, il perd la faculté de comparer les êtres, et de sentir leurs véritables rapports...... Mais, sans disputer sur la vérité de ce fait, je vous le demande, puisque toutes les habitudes mentales ont des effets semblables, aimeriez-vous mieux que celle de *comparer des êtres* et de chercher *leurs rapports*, vous rendît incapables de vous captiver à l'étude sévère de l'homme? Songez à votre destination, et puis comparez les suites de ces deux inconvéniens.

III. Revenons au problème physiologique et occupons-nous des moyens de le ré soudre.

Le premier instrument d'investigation que la raison indique, c'est l'anatomie, c'est-à-dire, la dissection du cadavre humain, et l'examen de toutes les parties qui le composent; car il semble tout naturel de penser que l'on trouvera dans les rapports mutuels et dans le jeu sensible de ces parties la cause efficiente des phénomènes à expliquer, comme on trouve dans les mouvemens d'une machine artificielle la raison des effets qu'on lui voit produire.

Les Anciens présumèrent l'utilité de ce moyen aussi bien que nous, et ils le mirent en usage, autant que le leur permirent les lois et les opinions de leur temps. Mais bien des obstacles retardèrent la marche de l'anatomie, et les empêchèrent d'en retirer tous les services qu'elle est capable de rendre. La Physiologie doit-elle s'en plaindre ou s'en féliciter ? Je ne saurois répondre, quand je songe que la difficulté d'employer ce moyen d'investigation en fit perfectionner un autre, dont les résultats étoient bien plus importans et d'un intérêt bien plus prochain : je veux parler de l'observation

de l'Homme malade, que quelques = uns
surent si bien faire servir à fonder les
principaux dogmes de la doctrine physiologique.

Les connoissances anatomiques que nous
possédons aujourd'hui, jointes aux lois de
la physique, et en quelque sorte fécondées
par elles, constituent un moyen indispensable d'expliquer un grand nombre de
phénomènes de l'économie animale, prin-
cipalement de ceux auxquels tiennent
immédiatement plusieurs fonctions appa-
rentes. C'est pour cette raison que l'anatomie vous est présentée comme la base
de la Physiologie.

D'excellens préceptes vous ont été donnés
sur la manière de l'étudier (1). Je ne veux
y ajouter que quelques réflexions sur celle
d'appliquer l'anatomie à la solution du problème physiologique.

1.º Quel ordre vous convient-il de suivre?
Sera-ce l'ordre physiologique ou l'ordre
anatomique ? Prendrez-vous une fonction
composée, et irez-vous chercher tous les
instrumens qui concourent ensemble ou

_____

(1) Voyez sur-tout l'Introd. aux princip. de Physiologie de M. Dumas, première édition.

2

successivement à l'exécuter ? Ou bien, quand vous examinerez un organe, assignerez-vous sa manière d'agir dans les diverses fonctions auxquelles il contribue ?

L'un de ces ordres n'a pas une supériorité absolue sur l'autre ; chacun a des avantages relatifs à la position où se trouve celui qui étudie. Lorsqu'on ne s'occupe de l'application de l'anatomie à la Physiologie qu'après avoir étudié la structure du corps entier, l'ordre physiologique me paroît préférable, comme plus propre à fixer l'esprit sur son véritable objet. Mais lorsqu'on ne travaille pas sur de simples idées, et qu'on procède actuellement à la décomposition du corps, en suivant la marche reconnue la plus facile par les anatomistes ; on peut, sans inconvénient, mettre à profit la connoissance anatomique d'un organe à mesure qu'on l'acquiert, pour expliquer quelques élémens des grandes fonctions auxquelles il coopère. Ces explications partielles s'ordonnent ensuite fort bien, dans les revues que l'esprit fait de temps en temps de ses idées pour se les mieux approprier. Cet ordre est presque le seul qu'on puisse suivre, lorsqu'on étudie ensemble l'anatomie et la Physiologie ; si l'on s'obs-

tinoit à garder invariablement celui des
fonctions, on seroit obligé de revenir plusieurs fois sur les mêmes parties, d'autant
que, comme le remarque Vander Linden (1),
la plupart de nos organes sont faits, selon
l'expression des Anciens, à la manière des
glaives de Delphes (2).

2.º Dans tous les temps, on a senti qu'en
faisant l'analyse des diverses parties du corps
animal, il étoit commode d'en rapporter
les élémens organiques ou les divers tissus,
à un certain nombre de genres, qui aide-
roient la mémoire et rendroient la description de la constitution d'un organe bien
plus aisée. Ces tissus sont ce que les Anciens
nommoient parties similaires. Il n'est pas nécessaire, pour porter le même nom, que ces
élémens, considérés dans diverses régions,
soient identiques ; c'est assez qu'ils aient
une ressemblance générale qui frappe au

_____

(1) *Medicina physiol.*, *lib. II*, *c.* 2, §. 13.

(2) Les Anciens disoient cela de toutes les choses
qui pouvoient servir à divers usages. Ils faisoient
allusion à des glaives qui se fabriquoient à Delphes,
et qui étoient également propres aux sacrifices et à
punir les coupables de la peine capitale. Voyez
Érasme, *Adag. T. anceps et dubius.*

premier coup d'œil. Si l'on vouloit apporter à ces choses une exactitude scrupuleuse, on ne pourroit faire aucun rapprochement. L'arachnoïde, membrane séreuse du crâne, diffère beaucoup du péritoine, membrane séreuse du bas-ventre, par sa consistance, son degré de transparence, l'odeur de son excrétion, etc. Le parenchyme du foie est bien différent de celui de la rate et des reins; la substance celluloso-vasculaire de l'urètre diffère de celle des poumons. Il est même possible qu'entre les élémens de deux muscles, il y ait des différences, puisque la chair des animaux a des goûts différens dans diverses parties de leur corps. Si quelque tissu élémentaire semble homogène dans toute son étendue, c'est bien celui des nerfs. Hé bien! un anatomiste distingué, M. Reil, assure qu'il n'est point de nerf qui n'ait sa forme, son organisation intime, particulière et distinctive, qui, mise en évidence par les procédés qu'il indique, ne le fasse aisément reconnoître à celui qui l'a déjà observé (1).

---

(1) *Exercitat. anatom., fasc. primus, de struct. nervor., Halæ, 1796.*

Comme il n'est pas aisé de tracer les lignes de démarcation entre les diverses sortes de parties similaires ; que s'il y en a quelques-unes de bien distinctes, d'autres ont des caractères infiniment moins prononcés ; vous ne serez pas surpris de voir les anatomistes différer sur ce point : mais si vous songez au degré d'utilité de ces classes, sous le rapport anatomique, vous vous inquiéterez peu de cette diversité d'opinions ; vous vous instruirez de toutes les divisions qui ont été faites, et vous choisirez un terme moyen entre celle qui réduit ces tissus à un trop petit nombre, et confond des choses évidemment distinctes, et celle qui, à force de pousser l'analyse, n'a plus l'avantage qu'on cherche dans ces *classifications*.

Mais souvenez-vous que lors même que vous connoissez les propriétés générales des divers genres de tissu, vous n'êtes pas dispensés d'étudier les modifications qu'ils présentent dans chaque organe, puisqu'elles peuvent aider à concevoir quelques-uns des phénomènes qui s'y observent.

Dans ces derniers temps, on a mis une grande importance à l'étude des parties similaires, et on a prétendu que la connoissance de leurs propriétés organiques et vitales étoit le fondement de la Physiologie. Nous examinerons ailleurs ces opinions.

3.º Les applications de l'anatomie à la Physiologie, ont pour but de résoudre une de ces trois questions : 1.º un organe étant connu, déterminer ses fonctions; 2.º l'existence d'une fonction étant connue, assigner l'organe qui l'exécute; 3.º dans l'un et l'autre cas, expliquer le mode d'opération de l'organe.

La première se résout, 1.º d'après l'observation immédiate du corps vivant, ce qui ne peut guères avoir lieu que pour les organes extérieurs; 2.º d'après le sens intime; ainsi nous sentons bien que le cerveau est l'organe matériel de la pensée; 3.º d'après les traces que les fonctions laissent dans la partie ou dans celles qui en dépendent; ainsi l'humeur contenue dans les vaisseaux ou dans le réservoir d'une glande, suffit pour décéler les usages de cet organe; 4.º d'après les rapports qui existent entre un organe caché et les lieux extérieurs où s'exécutent certains actes d'une fonction composée; ainsi les rapports du poumon avec les parties par où nous sentons l'air entrer et sortir, font penser que ce viscère est l'organe de la respiration, et le sens intime achève de nous convaincre ; 5.º d'après la conformation qui rend un système d'organes propre à exercer un tel acte mécanique ; ainsi Harvée, pour démontrer la circulation, a tiré un bon argument de la structure du système sanguin.

On verra que ces moyens de solution ne sont pas toujours suffisans ; mais nous en avons d'autres dont il sera question ailleurs. Je n'ose pas ranger parmi les instrumens légitimes l'analogie tirée de la ressemblance des tissus constitutifs des organes. Nous en savons trop peu sur le rapport qui existe entre l'organisation des parties similaires et leurs fonctions, pour que cet analogisme soit sûr. Aussi qui oseroit soutenir d'après l'examen seul de la contexture, que les parties nommées la glande pituitaire, la glande thyroïde, le thymus, sont des organes sécrétoires ?

La seconde question le résout par les mêmes moyens. On doit sentir, en effet, que les rapports qui existent entre la connoissance de l'organe et celle de la fonction, et qui, à l'inspection de l'un, nous font assigner l'autre, doivent produire un effet semblable quand l'esprit procède d'une manière inverse; c'est-à-dire associer à l'idée de la fonction, celle de l'organe le plus propre à la remplir.

Je n'ai pas besoin de dire combien l'anatomie subtile peut être nécessaire dans les recherches de cette sorte. Il est aisé de sentir que la perception du rapport entre la fonction et l'organe, est quelquefois subordonnée à une circonstance anatomique fort délicate, dont la découverte est indispensable à la solution de ces problèmes.

Mais il existe beaucoup de fonctions bien constatées dont les organes ne peuvent pas être déterminés par ces moyens. Tantôt la ténuité des organes les dérobe à nos recherches; tantôt leur complication nous rend incertains sur celui à qui une fonction doit être attribuée; tantôt enfin nous n'osons pas assurer qu'elle ne puisse appartenir à des parties qui semblent avoir une autre destination, mais où la multiplicité des usages n'est pas impossible. Il faut recourir alors à tous les secours que l'observation, l'expérience et l'induction peuvent nous fournir, et dont nous parlerons en traitant des autres instrumens d'investigation.

Mais on ne doit jamais se permettre la supposition d'organes qu'il est impossible de démontrer, lors même qu'on s'y croiroit autorisé par les analogies. Les ressources de la Nature ne nous sont pas assez connues pour nier qu'elle ait pu opérer de vingt manières différentes de celle que nous imaginons. N'admettez donc que lorsqu'on vous les montrera, ni les glandes des membranes séreuses, ni le fluide nerveux, ni les fibres vésiculaires des muscles, ni les *vaisseaux* exhalans, ni les nerfs du cristallin, etc. Passons à la quatrième question.

4.° Quand on connoît la conformation, la structure intime, les rapports de situation et les connexions des organes, et que par l'observation immédiate ou par d'autres moyens d'investigation, on a découvert le mode de mouvement de ceux qui sont actifs, il est aisé d'appliquer à ces connoissances les lois de la physique pour en déduire l'explication d'un grand nombre de phénomènes.

Cette manière d'assigner les fonctions mécaniques des diverses pièces qui composent un système d'organes, ou comme disent les physiologistes, un *appareil*, peut, dans quelques cas, être préférable à la méthode expérimentale, et donner des résultats plus certains. Pour expliquer ce paradoxe, je vais citer un de ces cas.

Dans la plupart des appareils, la Nature ne s'est pas tenue au strict nécessaire, elle s'est occupée aussi de l'utile et du commode (1) ; elle y a introduit une sorte de luxe, une surabondance de pièces qui fait qu'une demeurant dans l'inaction ou venant à manquer, il en reste encore assez à la rigueur, pour exécuter la fonction. Ainsi l'obstruction d'un des points lacrymaux n'empêche pas les larmes de parvenir à leur destination, puisqu'il en reste un autre ; ainsi presque tous les organes reçoivent des vaisseaux et des nerfs de plusieurs troncs, et la suppression de quelqu'un de ces moyens de communication n'empêche pas qu'au bout d'un certain temps, les fonctions de l'organe qui l'a éprouvée ne se rétablissent. Cette multiplicité de ressources assure, jusqu'à un certain point, l'intégrité des fonctions, contre les accidens qui menacent continuellement notre frêle machine.

Supposons que, de la permanence d'une

---

(1) *Omnia Natura aut propter id quod necessarium est, facit, aut propter id quod melius*, dit Aristote, (*Lib. I*, *de Generat. animalium*, *c.* 4).

fonction après la destruction d'une pièce
de son appareil, on se pressât de conclure
que cette pièce ne contribue en rien à
cette fonction ; la conséquence ne seroit
pas rigoureuse : cette expérience ne pourroit affoiblir à mes yeux l'opinion qu'auroit
fait naître la comparaison de la structure
de l'appareil avec la fonction à expliquer,
et je resterois persuadé que l'organe détruit
auroit pu remplacer celui qui maintenant
opère seul, si ce dernier avoit manqué, ou
si quelque circonstance l'avoit géné dans
son action.

Une des applications les plus intéres-
santes de l'anatomie, c'est de démontrer
l'utilité de chaque circonstance de structure pour la conservation du corps. Quand
on compare la délicatesse de ce corps avec
les violences extérieures qu'il essuie sans
périr, on ne peut s'empêcher de penser
qu'il doit y avoir dans la disposition et dans
la constitution des organes, des causes qui
diminuent le nombre des chances malheu-
reuses.

Pour faire sentir toutes les sortes d'avantages qui résultent de la construction
des diverses parties, Galien s'est souvent

servi d'un raisonnement que quelques-uns
semblent ne pas approuver (1), mais où je
ne vois rien de repréhensible : il consiste à
supposer une structure différente de celle
qui existe réellement, et à déterminer par
la pensée les résultats qui s'ensuivroient.
Il est vraisemblable que ces suppositions
ont été blâmées dans la crainte qu'elles ne
favorisassent l'influence des opinions tou-
chant les causes finales sur les recherches
physiologiques. Mais quelle que soit l'in-
tention éloignée de ceux qui s'en servent,
il me semble qu'on auroit tort de les négliger, lorsqu'elles mettent mieux au jour
l'utilité des pièces de la machine.

Dans les essais de cette espèce, on doit
éviter un écueil : c'est de porter trop loin
le désir de trouver une utilité physiologique
à toutes les circonstances de l'organisation.
Un homme presque aussi éminent par les
qualités de son esprit que par celles d'un
ordre plus relevé, disoit qu'il ne falloit pas
demander pourquoi une chose est ainsi,
lorsque, si elle étoit autrement, on pourroit

----

(1) Voyez Barthez, disc. prélim. des Elém. de la
science de l'Homme.

faire la même question (1). D'après cela,
nous ne serions pas fondés à demander,
par exemple, pourquoi la sole, le turbot,
l'huître ne sont pas symétriques, puisque,
s'ils l'étoient, on seroit tout aussi autorisé
à demander pourquoi ils le sont.

Bichat me paroît s'écarter de cette règle,
lorsqu'il disserte longuement sur la symétrie
des organes des fonctions animales, et sur
l'utilité de cette symétrie pour la perfection
de ces fonctions. Il ne peut pas prouver
que, par la nature des choses, la symétrie
soit essentiellement nécessaire dans tous
les animaux, à l'exécution des fonctions
de relation ; son discours ne peut donc
tendre qu'à dire que, d'après le système
adopté par la Nature dans la construction
de l'Homme, les parties doubles et les
moitiés symétriques des parties impaires,
doivent agir semblablement pour la perfection des fonctions : et comme, au lieu
d'imiter Aristote, qui applique ce principe
seulement à l'appareil de la progression, il
a résolu de soutenir sa thèse pour toutes
les parties où s'exécutent des fonctions de

_____

(1) *Nec in eâ re debet esse quæstio, ubi quidquid
esset, quæstio esset. D. Aur. Aug., ep. 3.*

cet ordre ; il entasse des propositions , ou
d'une évidence proverbiale, comme que deux
yeux voient mieux qu'un (1) ; ou fausses,
comme que les deux moitiés latérales du
corps sont naturellement égales en dimen-
sions et en force (2) ; ou hasardées, comme
ce qu'il répète d'après Haller et Buffon,
sur la fausseté de la voix , qu'ils attribuent
à l'action inégale des deux côtés du larynx,
et tout ce qu'il avance sur les dépravations
de l'odorat par la sensibilité inégale des
deux narines , et du goût par celle des deux
moitiés de la langue ; ou enfin, tellement
vagues et arbitraires, que personne ne prendra
la peine d'en examiner le fondement, comme
que la fausseté du jugement provient de
l'inégalité d'action des hémisphères céré-
branx (3). Voilà où conduisent les questions

---

(1) Une autre assertion de la même certitude ;
c'est que le plan où se termineroit l'hémiplégie chez
une huître ne seroit pas si facile à placer que chez
l'homme. De la vie et de la mort, page 15.

(2) Il est facile de prouver que la préférence uni-
versellement accordée au côté droit , est l'effet de
l'inégalité primitive, et non la cause.

(3) Il est si sûr de son fait, qu'il ajoute : » si nous
» pouvions loucher du cerveau comme des yeux,
» c'est-à-dire , ne recevoir qu'avec un seul hémis-

oiseuses. Si l'on s'expose à perdre ses peines, ce doit être au moins en s'occupant d'un objet utile, afin que la bonne volonté serve d'excuse, et que les efforts infructueux paroissent encore dignes d'estime.

5.º Il existe une différence essentielle entre les organes du corps animal et les machines que l'art invente. Ces dernières sont mues par une impulsion étrangère, et l'exactitude de leurs mouvemens est subordonnée à la précision de leur structure. Les organes, au contraire, portent souvent leur cause motrice dans l'intimité de toute leur substance; et cette cause peut varier et changer la configuration des pièces de l'appareil, selon les besoins du moment. Si donc on déterminoit les effets mécaniques d'un organe d'après sa constitution sur le cadavre, et d'après la supposition d'une cause motrice uniforme ou bornée à un point, sans avoir égard aux changemens perpétuels que l'agent caché dans toutes les molécules peut amener soit dans

----

» phère les impressions externes, n'employer qu'un
» seul côté du cerveau à prendre des déterminations,
» à juger, nous serions maîtres alors de nos opé-
» rations intellectuelles ».

la quantité ou la direction de ses mouvemens, soit dans la forme même des parties;
on obtiendroit fréquemment des résultats
bien éloignés de la vérité. Il y a long-temps
qu'on a fait cette remarque; mais je pense
qu'il n'est pas hors de propos de la répéter,
puisqu'un physiologiste étranger des plus
modernes (1), a adopté, pour la circulation, une théorie entièrement fondée sur
les lois de l'hydraulique, où il semble
rejeter, comme impossibles, tous les faits
qui pourroient l'impugner.

Les erreurs qui ont été commises à cet
égard, vous font un devoir d'être circons-
pects, quand il faut assigner tous les modes
d'action d'un appareil; de ne pas les déduire
de l'anatomie seule, mais de comparer
sans cesse sa structure avec les diverses
circonstances de la fonction que vous entre-
prenez d'expliquer, afin d'apprécier les
changemens que la cause motrice toujours
présente a pu introduire, à tous les instans,
dans le mécanisme. De cette manière vous
assignez la véritable utilité de la construction des organes, les avantages d'une construction précise dans les uns, et d'une

—————————

(1) *Prochaska*, *Instit. Physiol.*, §. 421 *et seq.*

structure libre et lâche dans les autres,
et vous recueillez en même - temps des
faits d'un autre ordre , qui vous seront
d'un grand usage pour les recherches ulté-
rieures (1).

6.º L'impatience avec laquelle nous dési-
rons de trouver , dans les connoissances
anatomiques , la raison des phénomènes à
expliquer , nous fait tomber souvent dans
une faute grave , qui consiste à saisir un
rapport très-éloigné entre une circonstance
de l'organisation , et une circonstance d'un
fait physiologique , pour en faire la base
d'une théorie de ce fait.

On commet la faute dont je parle , par
exemple , lorsque abusant d'une idée ingénieuse de Bordeu , on veut trouver dans ce
qu'on nomme les étranglemens du tissu
cellulaire , la raison suffisante de cette
espèce de division physiologique , qui ,
malgré la continuité de toutes les parties ,

_____

(1) Cette espèce de départ entre les effets physi-
quement nécessaires de la structure et de la constitution des organes , et ceux de la cause invisible
cachée dans leur substance , pendant l'exercice des
diverses fonctions , est l'objet du beau travail de
Barthez , qui a pour titre : *Nova doctrina de func-
tionibus corporis humani.*

3

semble les séparer en départemens dont chacun a ses organes liés par des rapports plus intimes (1). Ces étranglemens n'empêchent pas les communications, et les phénomènes sur lesquels on a imaginé cette division ont certainement d'autres causes que l'anatomie n'a pas découvertes.

Martine d'Edimbourg l'a commise, cette même faute, lorsque pour expliquer la succession alternative de l'inspiration et de l'expiration, il a prétendu que la position du nerf diaphragmatique l'exposoit à des retours alternatifs de liberté et de compression, qui étoient la cause des mouvemens successifs de contraction et de relâchement du diaphragme (2).

IV. Malgré le soin que les anatomistes ont mis à étudier et à décrire toutes les circonstances de l'organisation et tous les

---

(1) Les Anciens désignoient cette liaison sous le nom de *rectitudo locorum.* Ils considéroient la séparation comme formée par deux plans, dont l'un vertical diviseroit le corps en deux moitiés latérales, et dont l'autre, horizontal, le couperoit en parties supérieure et inférieure, à la hauteur du diaphragme. Voyez Vallesius, *Comment. in epid. Hippocratis, Lib. II*, sect. 3.

(2) Essais d'Edimb., T. I, Art. XII.

élémens de la constitution intime du corps,
ils n'ont pas pu remonter bien haut dans
la série des phénomènes ; le premier
anneau de chaque chaîne leur est resté
inconnu, et ils n'ont jamais su déterminer
en quoi l'animal vivant diffère du cadavre.
Quand ils ont voulu expliquer une fonction
de mouvement, ils ont bien trouvé dans
la conformation des organes et dans leurs
rapports réciproques , le mécanisme qui
devoit amener cet effet lorsqu'une cause
motrice les mettroit en jeu; mais cette cause
leur a complètement échappé. Quand ils ont
observé un phénomène de composition ou
de décomposition , ils ont quelquefois pu
le suivre pas à pas , et décrire tous les
degrés par lesquels la matière a passé avant
de prendre sa dernière forme ; mais dans
ces changemens successifs, ils n'ont pu
reconnoître l'action libre des affinités , ni
prévoir les résultats en vertu des lois de la
chimie, et il a fallu confesser qu'une cause
inconnue dirigeoit cette série de mutations.
Dans les phénomènes de sensation , on n'a
rien découvert qui rendît raison du fait ;
seulement dans certains organes, on a ren-
contré une disposition anatomique qui favo-
risoit l'accès des corps extérieurs aux sur-

faces par lesquelles se fait la perception. De plus, on a scrupuleusement examiné bien des parties dont les fonctions étoient connues par le sens intime, par l'observation de l'Homme vivant ou par les traces que ces fonctions laissent sur le cadavre ; mais il a été impossible d'apercevoir le moindre rapport entre ces usages et les propriétés physiques constatées dans les organes.

En un mot, la dissection du corps nous a fait voir les lieux où s'exécutent un grand nombre des phénomènes de la vie ; mais elle ne nous a donné aucune lumière sur les causes essentielles de ces phénomènes (1), et la stagnation où nos connoissances à cet égard restent depuis long-temps, malgré

***

(1) C'est ce que Fernel me paroît avoir déclaré, quand il a dit : *ut ad Historiæ fidem Geographia, sic ad rem medicam corporis humani descriptio pernoscenda. Physiol., Lib. I, perorat.* Je ne réponds pas que Riolan ait entendu le vrai sens de ce passage. *Anthrop., Lib. 1, c. 1.* Le chirurgien Mery exprimoit la même vérité, quand il disoit, à sa manière : *nous autres anatomistes, qui poursuivons les parties du corps jusqu'aux dernières molécules, nous ressemblons aux crocheteurs de Paris, qui connoissent parfaitement toutes les rues de cette ville, mais qui ignorent ce qui se passe dans l'intérieur des maisons.* Voy. Fontenelle, Eloges.

les progrès de l'anatomie, suffit pour nous
ôter toute espérance.

Ce n'est pas tout : les divers actes simul-
tanés ou successifs qui composent une grande
fonction sont liés et coordonnés ; il en est
de même des grandes fonctions entr'elles :
or, il est impossible de trouver dans la disposition et dans les rapports anatomiques
des organes la raison suffisante de cette
merveilleuse harmonie, de cette individualité
physiologique. Aussi les Médecins ont - ils
toujours admiré la justesse de la comparaison
que Galien fait du corps animal avec la
forge de Vulcain, où selon la fiction d'Ho-
mère, tous les instrumens pénétrés d'une
vertu divine, se mouvoient d'eux-mêmes,
dans l'ordre et avec le degré de force convenable à leur usage actuel (1).

Si l'on y pense bien, on sentira que notre
découragement au sujet des services qu'on
peut attendre de l'anatomie, n'est pas fondé
seulement sur l'expérience, mais encore sur
le défaut de rapport (j'ai presque dit l'incompatibilité) entre les phénomènes vitaux
et les propriétés que nos sens bornés peuvent
découvrir dans la matière.

---

(1) *De usu partium*, *Lib. IV*, a. 2.

Aussi dès l'origine de la médecine et avant d'avoir épuisé les ressources de l'anatomie, on admit, pour les corps vivans, des principes d'action différens de ceux qui s'aperçoivent dans la matière brute. Cette manière de voir en passant chez le peuple a pu être la source de cette foule de Divinités que l'Antiquité préposa à la conservation et aux fonctions des organes ; telles sont la Déesse Ossilago, chargée de former et d'endurcir les os ; la Déesse Carna, qui entretenoit dans leur ordre naturel les viscères importans, sur-tout le foie et le cœur ; la Déesse Mena, qui régloit les évacuations périodiques des femmes ; la Déesse Prosa, qui dirigeoit convenablement la tête de l'enfant au moment de sa naissance (1). Les Médecins se garantirent sans doute de ces extravagances ; mais ils conservèrent toujours la tradition d'une cause spéciale de la vie : malgré la diversité du langage, les noms d'*impetum faciens*, de Nature, d'Ame sensitive, d'Archée, d'Esprit, rappeloient toujours cette idée ; cependant ni les Médecins anciens, ni ceux du moyen âge, n'eurent

---

(2) *Lil. Greg. Gyraldus*, *de Deis gentium*, *Syn-tagm. I. Dei miscellanei.*

jamais une doctrine arrêtée et complète,
et ils associèrent constamment à cette opinion les hypothèses puisées dans la philosophie du temps.

Il fut une époque où les Philosophes
crurent devoir bannir tous les principes
d'action qui ne se trouvoient pas dans la
matière brute. On érigea en règle, que
lorsque l'explication des phénomènes ne
pouvoit pas être déduite de leur observation immédiate, il falloit avoir recours à
des suppositions de causes connues, com-
binées de telle sorte qu'elles dussent amener
des effets analogues à ceux qu'on devoit
expliquer. Pourvu que les hypothèses ne
fussent pas tout à fait gratuites, mais qu'elles
eussent un air de vraisemblance fondé sur
quelque circonstance physique, et qu'elles
rendissent raison des principaux faits, on
recevoit cette doctrine comme constante,
et s'il survenoit un fait qui y fût opposé,
on y paroit en la modifiant par une nouvelle
hypothèse.

Cette méthode de philosopher, accréditée
sur-tout par Descartes, s'empara de la Physiologie : les hypothèses furent prises de la
physique et de la chimie, et rendues vrai-
semblables par une anatomie phantastique.

Mais il se trouva toujours quelques praticiens austères qui professèrent peu d'estime pour une science futile, sans cesse
en opposition avec des milliers de faits,
ignorés des spéculatifs qui l'avoient créée.
C'est alors qu'elle fut flétrie du nom de
Roman de la médecine. Ce qu'il y eut
de singulier, c'est que beaucoup de Médecins qui adoptèrent les théories à la
mode, restèrent fidèles à la pratique d'Hippocrate. Grâces à l'inconséquence de l'esprit humain, on apprenoit des doctrines
vaines, pour lesquelles on devenoit fana-
tique, mais dont on se seroit bien gardé
de suivre les principes au lit des malades.
Ainsi ceux-même qui étoient les plus chauds
partisans des hypothèses mécaniques, con-
firmoient par leur conduite et par leurs
observations médicales l'idée qui les com-
battoit.

Enfin, peu à peu l'on vit prédominer le
nombre des Médecins qui sentirent la nécessité de reconnoître des principes d'action,
différens de ceux qui suffisent pour ordon-
ner les phénomènes de la matière morte.
Mais ils furent loin de s'accorder sur leur
nature. Au milieu de la diversité des opinions, deux sentimens sur-tout firent for-

tune : celui de Stahl , qui regardoit l'Être pensant comme le principe moteur , sensitif , individuel et ordonnateur , et comme la cause efficiente de tout ce qui se passe dans le corps ; et celui de Pacchioni et de Baglivi , qui admirent dans le solide vivant une force motrice inhérente. Haller donna une nouvelle face à ce dernier par ses expériences multipliées sur l'irritabilité et sur la sensibilité, deux propriétés ou principes d'action dont il fit la base de sa Physiologie.

Mais le Stahlianisme fut vivement attaqué par les défenseurs du solide vivant ; l'attribution des fonctions corporelles à l'Ame parut trop hypothétique. Elle révolte , en effet , le sens intime : personne ne veut croire qu'il fasse tant de choses à son insçu.

D'un autre côté , les principes d'action admis par les premiers solidistes étoient insuffisans. Pour qu'ils pussent faire face à tous les phénomènes ; on complétoit les théories en recourant à des hypothèses dont les bons esprits ne s'accommodoient pas mieux que des anciennes.

Enfin Bordeu se mocquà avec tant d'esprit des doctrines hypothétiques pures et mixtes, et Barthez enseigna une autre philosophie avec tant d'autorité , que les Médecins ont généralement senti la nécessité de renoncer aux suppositions gratuites (1) et de reconnoître un plus grand nombre de faits *primitifs* propres aux corps vivans.

V. Aujourd'hui aucun Médecin ne refuse

---

(1) Je ne suis pas peut-être tout à fait exact. On voit de temps en temps quelques théories qui se ressentent des anciennes habitudes. M. Prochaska, par exemple, a grand penchant à croire que la vie animale n'est qu'une combustion. Sa grande raison, la voici : *vita animalis cum flammâ id commune habet, quod ad sustentandam vitam eademque ad flammam alendam, aëris conditio requiratur. Inst. Physiol. hum.*, §. 149). Il trouve aussi fort vraisemblable que la succession alternative des appétits et de la satiété (quand ils ont été satisfaits), *in miâ electricitatis positivæ et negativæ dictæ, aut vis attractivæ et repulsivæ vicissitudine consistere,* (§. 205).

M. Girtanner a imaginé de nos jours une théorie hypothétique de la contraction musculaire. Il fait dépendre ce phénomène de la combinaison de l'hydrogène, du carbone, de l'azote et des autres substances combustibles qui se trouvent dans le corps charnu du muscle, avec l'oxigène qu'apporte le sang des artères ; combinaison qui est déterminée par un courant nerveux....... Il seroit à désirer que des Auteurs estimables n'employassent pas l'ascendant de leurs talens et de leur réputation à mettre en crédit de pareilles imaginations.

de regarder comme une règle incontestable que, puisqu'il se passe dans le corps vivant des phénomènes qui ne ressemblent point à ceux que nous présente la matière brute, ils doivent être considérés comme l'effet de principes d'action particuliers à ce corps, principes qu'il faut désigner par des noms qui rappellent leurs effets sensibles.

Il ne faut pas s'attendre à trouver la même uniformité de sentiment sur la question de l'origine de ces principes ou forces. Comme les élémens du corps une fois séparés, sont de la matière brute, les propriétés que leur réunion possède dans le système vivant, semblent ne pouvoir leur venir que de leur organisation, c'est-à-dire, de leur arrangement; ou de l'addition d'une substance inconnue douée de ces forces. Beaucoup de Physiologistes adoptent l'une ou l'autre de ces opinions et prétendent la convertir en vérité démontrée : de là des disputes interminables.

Nous n'avons pas les données nécessaires pour nous décider. Si, d'une part, il est contraire à la bonne manière de philosopher, de supposer l'existence d'un être substantiel, et de faire, de cette supposition, la base d'une doctrine, de l'autre, nous sommes obligés d'établir une certaine relation entre nos idées : or il n'y en a point entre ce que nous connoissons de la matière et l'idée que nous avons de la sensation, de la génération, de l'individualité d'un Être, etc. Si l'arrangement de la matière peut produire de tels effets, le mode de cet arrangement passe nos conceptions, ou la matière a des propriétés que nos sens ne peuvent saisir et dont l'organisation déve-loppe les effets : quoi qu'il en soit, il reste toujours un intervalle immense entre la notion que nous avons des propriétès générales des corps, et les phénomènes de la vie. Prendre un parti ne me paroît donc pas conforme aux règles de la pru-dence, et je sens de la méfiance pour quiconque a le ton affirmatif sur cette question.

Heureusement nous pouvons rester en suspens. L'admission d'une force est une abstraction qui ne préjuge rien sur sa nature ni sur son origine. Ce qui nous intéresse, ce sont les effets. Or la certitude de ces effets et des conséquences qu'on en tirera dépend de la manière dont on constatera les uns et dont on déduira les autres, et non de l'opinion qu'on peut avoir sur la source des principes d'action.

VI. Une autre règle sur laquelle tout le monde est d'accord, c'est que le nombre de ces principes doit être égal à celui des ordres de faits, et que les ordres eux-mêmes doivent être établis sur les différences essentielles de ces faits ; mais il s'en faut bien qu'il y ait la même unanimité, quand on en vient à l'application.

Barthez reprochoit aux Anciens d'avoir trop multiplié les facultés ou principes d'action ; mais il pensoit que les modernes tomboient dans l'excès opposé. Il est impossible de n'être pas de son avis, en voyant les ouvrages qui ont été publiés depuis quelques années, en France, sur la Physiologie.

La sensibilité de conscience, la sensibilité locale, la force motrice volontaire et involontaire ; et le ton vital des solides, voilà les principes auxquels on prétend tout ramener. » Examinez, vous dit un » Auteur moderne, tous les phénomènes » physiologiques, et tous ceux des mala- » dies, vous verrez qu'il n'en est aucun » qui ne puisse en dernier résultat, se rap- » porter à une des propriétés dont je viens

» de parler » (1) : et ce sont celles que j'ai désignées moi-même sous les noms anciens. Il y a trop à dire contre cette assertion, pour que je ne m'y arrête pas un instant.

Pourquoi avons-nous reconnu la nécessité d'admettre des principes d'action particuliers aux corps vivans, principes qui se combinent avec les propriétés générales de la matière pour produire les phénomènes que nous observons dans ces corps ? C'est, premièrement, pour nous dispenser d'avoir recours aux explications hypothétiques ; secondement, pour mettre une relation entre les idées que nous avons des effets et celles que nous nous faisons des causes. Or si nous diminuons trop le nombre des principes d'action, il arrive qu'il n'y a plus de relation entre un grand nombre d'effets et les causes auxquelles on les attribue, et que, pour en établir une, on est obligé de recourir à l'hypothèse.

Quelques exemples rendront ceci plus sensible. Un des phénomènes de la vie est qu'un corps éminemment corruptible par sa

_____

(1) Bichat, Anat. génér. considérations générales, pag. *xlv*.

constitution , se maintient à l'abri de la décomposition chimique , au milieu des agens destructeurs qui l'environnent (1). Stahl considéroit cet effet de la vie comme le plus étroitement lié à sa cause , comme celui qui en attestoit encore la présence , lorsque tous les autres avoient disparu. Je demande quel rapport l'esprit peut apercevoir entre ce phénomène et la contractilité ou la sensibilité.

Comment ces propriétés rendront-elles raison de la formation du fœtus ? Est-il possible de ne voir, dans l'opération qui en assemble les matériaux , les organise , en fait un être semblable à ceux dont il provient , que l'effet de diverses contractions?

---

(1) M. Soemmerring attribue l'incorruptibilité du corps à un fluide nerveux qu'il revêt de toutes les propriétés nécessaires pour rendre raison de plusieurs effets vitaux , comme d'engendrer la moëlle nerveuse, de vivifier toutes les parties , etc. (*Mém. sur la résorption de l'humeur contenue dans la substance des nerfs*). Mais puisqu'il faut accorder à ce fluide tant de propriétés purement vitales, que gagne-t-on à son admission ? On est toujours forcé d'en venir à reconnoître des principes d'action particuliers aux corps vivans , et on embarrasse la doctrine d'une hypothèse gratuite.

J'en dis autant de l'élaboration des ma‑
tières contagieuses. Je ne puis rien voir de
commun entre leur fabrication et le simple
mouvement ou les sensations. Les sécrétions
et la nutrition me paroissent dans le même
cas, et on l'a bien senti, puisqu'on a eu
recours à l'hypothèse pour les expliquer :
on a supposé dans les parties une sensibi‑
lité élective qui les rendoit propres à attirer
telle molécule plutôt qu'une autre, sans
songer qu'on n'expliquoit pas comment
cette molécule avoit été élaborée de ma‑
nière à se trouver en rapport avec cette
sensibilité ; que les élémens organiques des
parties ne leur sont pas présentés tout
formés ; que chacune prépare les siens ;
qu'enfin cette sensibilité ne rend pas raison
de la régularité et de la constance des
formes, malgré l'abord continuel des sucs
alibiles.

Je ne crois donc pas que les principes
d'action (ou les propriétés vitales) admis
exclusivement par un grand nombre de phy‑
siologistes modernes, puissent suffire à la
classification de tous les faits. Je trouve
un avantage à en augmenter le nombre,
et je n'y vois point d'inconvénient. Il me
paroît même que s'il est de notre nature de

donner toujours dans quelque excès , il vaut mieux trop multiplier les classes que de tomber dans le défaut contraire. Ne pas remonter jusqu'à la cause commune de deux ou trois ordres de faits , c'est rester en deçà de la vérité ; mais réunir , sans des raisons suffisantes , des ordres distincts , c'est risquer de tomber dans une erreur. Or, en médecine, comme le précepte de ne pas faire du mal est beaucoup plus absolu que celui de faire du bien , nous sommes plus tenus d'éviter l'erreur que de trouver la vérité.

VII. Il s'agit donc maintenant de procéder à l'étude des phénomènes purement vitaux ou *hyperorganiques* (1) qui se passent dans l'intérieur des organes , et de les rapporter à des facultés ou propriétés particulières. Les lois de chaque propriété se déduiront des faits qui lui seront attribués. L'esprit pourra saisir ensuite plus commodement ces phénomènes , et suivre leurs combinaisons , leur filiation et leur association avec les effets mécaniques de la struc-

_____

(1) Je crois que cette expression a été employée d'abord par Grimaud ; Dumas l'a adoptée.

4

ture des parties, pour établir la théorie des
fonctions.

Il faut considérer les phénomènes de
chaque organe sous trois points de vue
principaux :

1.º En tant qu'ils constituent sa manière
de vivre particulière, et indépendamment
de toute relation avec le tout ; c'est là ce
que Galien appelle les *fonctions privées* de
cet organe, et ce que Bordeu a rendu
célèbre sous le nom de *vie propre* d'une
partie.

2.º En tant qu'ils se rapportent au service
du système entier, et qu'ils sont comme
le tribut d'utilité payé par chaque partie
au corps dont elle est membre ; c'est ce
que Galien nomme les *fonctions publiques.*

3.º En tant qu'ils découvrent entre des
organes distincts un lien secret (inexpli-
cable par les rapports physiques) qui les
unit et établit entr'eux une communauté
ou une alternative d'affections, lien qui est
connu sous le nom de sympathie.

L'étude des fonctions privées est une des
bases sur lesquelles repose la détermination
des principes d'action propres au corps
vivant, ou l'analyse des forces vitales. La
connoissance des fonctions publiques est

proprement ce que les Anciens nommoient la doctrine de *l'usage des parties.*

Comme dans les recherches sur ces divers phénomènes, il faut, entre les voies également sûres, suivre la plus courte, nous nous arrêterons un moment à examiner une question dont la solution peut influer sur notre choix.

VIII. Quelques physiologistes de ces derniers temps ont voulu que l'on considérât les propriétés vitales comme inhérentes aux parties similaires, en vertu de *l'arrangement organique de leurs molécules* (1); ils ont dit que chaque tissu réunit *à des degrés différens, plus ou moins des quatre propriétés* dont j'ai parlé plus haut, et *vit par conséquent avec plus ou moins d'énergie* (2); *que la plupart des organes n'étant que des composés de tissus simples, l'idée des forces vitales de ces organes,* ou comme parloit Bordeu, *de leur vie propre, ne peut s'appliquer qu'à ces tissus simples* (3). Ceci n'est pas une conjecture hasardée,

---

(1) Bichat, Anat. génér., considérat. génér., pag. *lxxjx.*

(2) *Ibid.*, pag. *lxxxiij.*

(3) *Ibid.*

c'est une assertion qui fait la base de la Physiologie et de la Pathologie de ces Auteurs, et ils prononcent expressément, que si vous voulez connoître les *propriétés et la vie d'un organe*, il faut *absolument* le décomposer en ses tissus simples (1).

Cette manière de voir me paroît sujette à de grandes difficultés. J'en vais présenter quelques-unes, qui pour être comprises, n'ont pas besoin d'un grand nombre de connoissances de détail.

1.º Le premier principe de cette doctrine est une assertion arbitraire et sans preuves. Sur quel fondement peut-on avancer que les tissus simples possèdent une vie qu'ils ne tiennent que d'eux-mêmes; que des nerfs, des fibres musculaires, du tissu cellulaire, des os, vivent indépendamment du corps auquel ils appartiennent ? Si l'on vouloit soutenir que la vie appartient au système entier, que celle des organes en est une émanation, qu'ils en jouissent en tant qu'ils font partie du tout, que s'ils l'emportent dans leur séparation, elle ne tarde pas à les abandonner, et même long-temps avant

_____

(1) *Ibid.*, pag. *lxxxv.*

qu'il soit survenu dans l'organisation un changement capable de justifier cette perte : on auroit pour le moins autant de raison que les partisans du système que j'examine ; et si cette question reste indécise, il est toujours bien certain qu'une doctrine qui la suppose résolue, porte sur une base peu solide.

2.° Affirmer que les propriétés vitales sont inhérentes à chaque tissu *en vertu de l'arrangement organique de ses molécules,* c'est encore avancer plus qu'on ne peut prouver. L'extinction de ces propriétés peut-elle avoir lieu sans qu'il soit possible d'apercevoir le moindre changement dans l'organisation de ces tissus ? Personne n'osera répondre négativement. Peuvent-elles changer dans leur intensité, dans leurs proportions, en un temps fort court, sans qu'aucune altération sensible se montre dans l'arrangement organique ? Bichat lui-même a reconnu l'affirmative, puisqu'il en fait le fondement de sa dis-tinction des forces physiques et des forces vitales (1). On dira peut-être qu'il s'opère

_____

(1) *Ibid.* , pag. *liij.*

alors dans l'organisation des changemens
qui sont inappréciables ; mais soutenir l'existence de tels changemens, c'est ériger son
opinion en principe, ce qui n'est pas
permis.

3.° Si la vie d'un organe composé n'est
formée que de la combinaison des propriétés vitales des tissus élémentaires qui
entrent dans sa constitution, il s'ensuit que
lorsque ces tissus sont bien connus sous
le rapport physiologique, on peut prévoir
d'avance tous les actes vitaux qui se pas-
seront dans cet organe. Faisons-en l'expérience ; et supposant que nous ignorons
les phénomènes vitaux qui se passent dans
l'estomac, dans les poumons, dans le cœur,
tâchons de les trouver à l'aide de la connoissance de leurs tissus respectifs. Qui
osera croire que cette Physiologie faite *à
priori*, puisse avoir quelque ressemblance
avec la vraie Physiologie ? que nous ayons
des moyens pour assigner d'avance les phénomènes des organes composés, ou même
pour prévoir la différence qui se trouve
entre l'estomac et la vessie, la parotide et
la mamelle, le foie et le rein ? Or si la
Physiologie des tissus ne m'apprend pas
cela, et ne me dispense pas d'étudier immé-

diatement les phénomènes de l'organe entier, à quoi est-elle bonne ?

4.° Bichat a senti l'objection ; il a voulu l'éluder en disant que *quand nous étudions une fonction*, c'est-à-dire, l'usage d'une partie, *il faut considérer d'une manière générale l'organe composé qui l'exécute* ; mais que *quand vous voulez connoître les propriétés et la vie de cet organe, il faut absolument le décomposer.* Je réponds à cela, d'abord, que la distinction de la fonction et de la vie propre d'un organe a bien un sens dans la doctrine d'Hippocrate, dans celle de Galien, et même dans celle de Bordeu, mais qu'elle ne me semble en avoir aucun dans celle des solidistes dont je parle. Je réponds, en second lieu, que si l'on admet une fois cette distinction, on ôte à la Physiologie des tissus toute la certitude dont on la gratifioit. Car si l'on convient que l'organe composé peut recevoir une aptitude à remplir une fonction quelconque, d'une autre source que de sa texture organique, il est hors de doute que cette aptitude change la vie propre qui, selon la théorie dont il s'agit, devoit résulter uniquement de la combinaison des tissus élémentaires. Un exemple rendra

ceci plus clair. Vous prétendez que les propriétés vitales des mamelles dans l'état de
repos peuvent être déterminées d'après leur
analyse anatomique ; je l'accorde pour un
moment : mais lorsque ces parties entrent
en orgasme pour la galactopoïèse, leurs
propriétés vitales changent dans leurs proportions ; elles deviennent plus sensibles,
plus disposées aux fluxions, aux engorge-
mens, aux inflammations. Voilà donc tout
le système de leur vie propre altéré par
l'influence de la cause qui leur donne l'aptitude à opérer une nouvelle fonction. Ainsi
dans la supposition même la plus favorable
aux Auteurs que je combats, la connoissance de la vie propre d'un organe chargé
d'une fonction publique ne pourroit pas
résulter de l'étude de ses élémens anatomiques, puisque cette vie est modifiée par
une cause étrangère à son organisation.
Mais je n'ai garde de convenir que ces
fonctions soient la seule cause qui fasse
changer la proportion des forces vitales
dans un organe qui reste anatomiquement
le même.

La conséquence de tout cela est que,
pour connoître les phénomènes vitaux d'un
organe, il ne me suffit pas d'en pouvoir

rapporter les élémens aux diverses classes
de parties similaires , que cette méthode
de composition ne fournit que des notions
peu sûres et incomplètes , et que rien ne
peut me dispenser d'une étude directe
de l'organe pris dans sa totalité , et toujours considéré comme partie d'un système
vivant, qui exerce une influence perpétuelle
sur les pièces qui le composent.

IX. Occupons-nous maintenant des moyens
d'investigation dont on peut se servir pour
aller à la découverte des phénomènes vitaux
qui se passent dans les organes.

Un des hommes qui ont obtenu le plus
de célébrité dans la Physiologie , Haller
en a consacré trois par son exemple ; et
comme ce sont les seuls dont il fasse mention à la tête d'un ouvrage où il se propo-
soit d'établir les fondemens les plus solides
de la science (1) , on peut croire qu'il les
regardoit , sinon comme les seuls légitimes ,
au moins comme surpassant de beaucoup
tous les autres par l'abondance, la certitude
et l'utilité de leurs résultats.

1.º Un de ces moyens est l'Anatomie

_____

(1) Elem. Physiol. , in Præfat.

pratique ou pathologique. Il la propose
pour les recherches relatives à l'usage des
parties. Supposons, dit-il, qu'une fonction
déterminée soit attribuée à un tel organe,
et que vous cherchez à vous assurer si cette
opinion est fondée, vous ne trouverez
pas de moyen plus certain que l'exploration
des cadavres où cet organe est sensiblement
vicié. Si, tandis qu'il étoit malade, la fonction
s'exerçoit naturellement, on ne peut pas
évidemment lui attribuer cet usage. Dans le
cas contraire, il est très-vraisemblable que
l'organe remplissoit les fonctions qui ont été
abolies ou altérées depuis sa maladie.

2.º Le second moyen est l'anatomie des
animaux. C'est pour le même genre de
fonctions que Haller en vante l'utilité. J'é-
prouve tous les jours, dit-il, qu'on ne peut
porter un jugement sain sur l'usage de la
plupart des organes du corps humain, si
l'on ne connoît la structure des organes
correspondans chez les quadrupèdes, chez
les oiseaux, souvent même chez les insectes.

3.º Enfin, le troisième est l'ouverture
des animaux vivans, soit pour y contempler
sans obstacle les mouvemens spontanés des
parties, dans la connoissance desquels

Haller fait consister toute la Physiologie (1),
soit pour soumettre les organes à des expériences dont les résultats lui paroissent avoir
plus avancé la science de l'Homme que tous
les autres moyens ensemble.

Je m'étonne de ne point voir sur cette
liste un moyen d'investigation qui ne le
cède à aucun autre, disons mieux, qui mérite le pas sur tous, à cause du nombre,
de la certitude et de l'importance de ses
résultats : je veux parler de la Pathologie, ou
de l'histoire des faits observés sur l'Homme
malade. Haller s'en est pourtant servi assez
souvent ; mais, si l'on en reconnoît l'utilité, pourquoi ne pas lui donner son rang ?

Les secours qu'on en peut tirer n'ont pas
été méconnus par Barthez. » Les faits re-
» latifs à l'histoire des maladies ou à la
» pratique de la médecine, dit-il, sont de
» la plus grande importance pour former
» de justes idées sur l'économie de la santé.
» Hippocrate a vu avec génie, que la nature
» humaine ne peut se manifester parfaite-

---

(1) *Physiologia est enarratio motuum quibus
animata machina agitatur.* Ailleurs il dit : *in
motu animati corporis interna et externa tota
Physiologia versatur.*

» ment par aucune de ses faces, qu'à celui
» qui possède le système entier des con-
» noissances de l'art de guérir (1) ».

Malgré une déclaration aussi expresse,
presque tous les physiologistes modernes
ont gardé le même silence que Haller sur
ce moyen d'investigation. Ceux qui connoissent le bon esprit que M. Sœmmerring
a porté dans l'exposition des vérités physio-
giques, s'imaginent bien qu'il est compris
dans l'exception; mais il parle de l'usage
qu'il a fait de la Pathologie en homme qui
pense avoir besoin de se justifier (2). M.
Prochaska fait encore mention de ce moyen,
mais sans laisser entrevoir quel est le degré

---

(1) » *Censeo verò quòd de naturâ (Hominis)*
» *manifestum quidpiam cognoscere non aliunde*
» *possibile fuit, quàm ex arte medicâ: quod quidem*
» *facile erit penitùs nosse, si quis ipsam artem*
» *medicam universam probè complexus fuerit* ».
De priscâ medic.

(2) *Morbidas partium mutationes sicco pede*
PRAETERIRE NON POTUI, *partim quòd in medi-*
corum gratiam liber conscriptus est, partim quòd
solidam et perfectam cognitionem legum, vis et
veræ naturæ nostri corporis, sæpiùs declinationes
morbidæ demùm perficiunt. De corp. hum. fabr.
in præfat.

d'estime qu'il lui accorde, et la manière dont il s'exprime laisse douter s'il le croit aussi nécessaire que la chimie et la bota-nique (1).

Il est pour vous du plus grand intérêt d'examiner sérieusement les divers moyens d'investigation, afin de proportionner votre confiance au nombre et à l'importance des services que chacun peut vous rendre. Cet examen peut se faire selon deux méthodes ; l'une consiste à présumer les services d'après la nature de chaque moyen ; l'autre à dis-cuter la valeur des faits et des principes dont la science lui est redevable. La première est évidemment la seule dont il me soit permis ici de faire un essai.

---

(2) *Multarum scientiarum notitia requiritur, quas inter.... mechanica, hydraulica, tum chemia, botania, anatomia, zootomia, et ipsa pathologia præcipuum locum occupant* §. 3. M. Fodéré a tex-tuellement donné la préférence à ce moyen sur les autres. Il dit, dans l'Introduction de sa Physiologie Positive (pag. *xxxiv*) : » Afin de connoître, d'une » manière plus positive, les vrais rapports et les » usages des parties, que ni l'Anatomie, ni les expé-» riences sur les animaux vivans, ne sauroient déter-» miner à fond, je me suis attaché à faire une com-» paraison suivie des organes de l'Homme malade » avec ceux de l'Homme sain ».

X. Haller semble trop limiter l'emploi de l'Anatomie pathologique, quand il n'en montre l'utilité que sous un seul point de vue ; il est facile en effet de juger qu'elle ne se borne pas à éclairer la doctrine de l'usage des parties.

1.º Et d'abord, c'est l'ouverture des cadavres qui nous a appris que la mort spontanée peut arriver sans aucune altération dans l'organisation sensible, et qui nous a montré l'impossibilité de prouver cette opinion, qui compte néanmoins encore quelques partisans, savoir, que la vie dépend *immédiatement* et par une *nécessité physique*, de l'intégrité et d'une certaine disposition des organes, de sorte que la mort ne puisse atteindre un corps où ces conditions subsisteront.

2.º L'analyse des facultés vitales peut être perfectionnée par l'histoire des faits tirés de la même source. Ces facultés excessivement exaltées, affoiblies ou dépravées, altèrent l'organisation. Les traces que les viciations laissent sur le cadavre nous apprennent ce qui a dû se passer quand il jouissoit de la vie.

Nous avons appris de cette manière que diverses parties habituellement insensibles, acquièrent, dans certains cas, un haut degré de sensibilité, puisque, après des douleurs vives, le siége de la maladie s'est trouvé dans des os, dans des cartilages, dans des ligamens qui, chez des sujets sains, ne semblent pas susceptibles de sensations de conscience; que d'autres parties où l'on ne peut apercevoir aucun mouvement intestin, avoient dû cependant, pour subir l'altération qu'on y découvre, opérer spontanément des contractions ou des dilatations de leur substance, des oscillations fluxionnaires, etc.

Les recherches de ce genre serviront dans la suite à déterminer jusqu'à quel point l'organisation que nous voyons dans une partie, est nécessaire à l'exercice des actes qui lui sont propres; elles nous feront connoître si cette partie peut continuer de les exécuter, si elle peut continuer de sentir, de se mouvoir, de se nourrir selon l'ancien mode, malgré de profonds changemens survenus à sa constitution. Parmi les faits qui intéressent ce point de doctrine, nous rappellerons une observation précieuse de M. Corvisart. Ce médecin a vu que lorsque les muscles se convertissent en tissu graisseux, ils ne perdent pas toute leur faculté contractile (1).

Les extispices doivent fournir à la science les principaux matériaux pour l'histoire de la force qui préside à la conservation de l'organisation. Les faits que vous connoîtrez par là vous feront sentir l'impossibilité de tout rapporter à des vices de la sensibilité et de la contractilité. Des organes flétris, atrophiés, indépendamment de toute affection des facultés sensitive et motrice; le sang détruit, *annihilé*, et les vaisseaux sanguins absolument vides; des parties dont la substance naturelle est transformée en une autre tout à fait différente; de véritables tissus organiques nouvellement formés, et en tout semblables à ceux qui existent dans le corps depuis son organisation primitive : ces observations vous mettront à portée d'apprécier ces théories hypothétiques, où, pour avoir le mérite de n'admettre qu'un petit nombre de forces

---

(1) Malad. du cœur, pag. 185. On sent que cette question s'applique seulement aux cas où le changement d'organisation n'est pas un obstacle mécanique à l'exercice des actes. Ainsi, je sais bien qu'un muscle ossifié ne peut pas se contracter.

on ne considère qu'une partie des phénomènes à expliquer.

3.° En souscrivant à ce qu'on a dit de
l'utilité de l'anatomie pathologique pour la
recherche des fonctions publiques des organes, je ne dois pas négliger de vous avertir
d'une erreur où elle peut induire ceux qui
voudroient lui accorder une confiance exclusive, et se passer du secours des autres
moyens d'investigation.

Il y auroit quelquefois du danger à nier
qu'un organe contribue à une telle fonction,
parce qu'on a vu cette fonction s'exercer
pendant la maladie de l'organe ; car les
extispices nous apprennent que souvent le
défaut d'un organe est réparé par l'accroissement de l'action d'un autre , ou par
d'autres procédés naturels qui nous sont
inconnus. Faudroit-il dire que le cœur n'a
point de part à la circulation du sang , parce
qu'on l'a souvent trouvé dans un état de
désorganisation tel, que tout mouvement
de sa part devoit , depuis long-temps , être
impossible ?

Les observations d'anatomie pathologique
doivent servir de moyen d'épreuve pour ces
théories qui font dépendre nécessairement
la vie de l'action de telle partie, dont elles

5

supposent l'intégrité absolument indispensable. On sent combien elles deviendroient précaires, si l'ouverture des cadavres nous prouvoit qu'il n'y a pas un organe dans le corps humain, dont l'altération la plus profonde n'ait pu coexister avec la vie, pourvu que cette viciation se soit introduite lentement et par des degrés insensibles.

4.º L'histoire des sympathies n'a sans contredit, rien de plus curieux que les faits dont elle est redevable à ce moyen. Il est souvent arrivé qu'on a découvert, bien loin du lieu où les symptômes avoient eu leur siége et vers lequel on avoit dirigé les remèdes, la cause organique des maux auxquels le malade a succombé.

5.º Mais un des services les plus importans, et qui intéressent le plus la médecine pratique, c'est de nous apprendre à distinguer les effets nécessaires d'un vice organique d'avec ses effets contingens; de nous faire voir que des accidens regardés vulgairement comme les *suites inséparables* de ce vice, tiennent à un véritable élément pathologique que cette lésion *provoque*, mais qui peut s'évanouir malgré qu'elle persiste, puisque souvent il est intermittent quoiqu'elle soit permanente; que, par conséquent, on ne doit pas désespérer d'être utile à un malade atteint de palpitations, d'épilepsie ou de toute autre maladie occasionnée par un vice organique, lors même que l'Art seroit impuissant contre ce vice (1).

---

(1) Dans les notes manuelles dont Barthez se servoit pour ses leçons de Physiologie, je trouve le passage suivant (première leçon) : » l'anatomie pratique peut être utile même en découvrant que les » lésions et les symptômes peuvent n'avoir point de » rapports constans. Il est plusieurs cas où les dissec- » tions ne découvrent point même les derniers effets » des causes morbifiques (Rivière, Valsalva). Les dis- » sections peuvent présenter des désordres semblables » à la suite de maladies toutes différentes (Morgagni, » Thierry) Enfin, l'anatomie pratique a découvert » quelquefois des corruptions très-graves d'organes, » dans des sujets qui avoient péri de mort violente, » et qui n'avoient ressenti aucun des symptômes » patognomoniques de ces lésions Elle a souvent » éclairé, même en montrant qu'il n'y avoit point » de vice organique, dans des cas où tous les symp- » tômes en faisoient présumer un (comme dans » beaucoup de maladies inflammatoires qui avoient » été incomplètes). Elle a montré réciproquement » que des vices organiques très-graves (comme ceux » du cœur et des gros vaisseaux), peuvent ne point » produire d'une manière constante des symptômes » qui semblent en dépendre nécessairement, mais » affecter seulement par intervalles le Principe Vital »

6.º Il y a une autre vérité physiologique
dont nous sommes redevables aux dissec-
tions, et qui me paroît féconde en résultats
pratiques : c'est que les organes se com-
muniquent leurs affections, non-seulement
par la continuité des tissus qui les forment,
ce qui ne surprend nullement, mais encore par la simple contiguité d'une surface
malade avec une surface saine. L'épiploon
enflammé cause souvent une vraie phlogose
à tous les points du cylindre intestinal avec
lesquels il est en contact ; l'inflammation
des organes renfermés dans une hernie ne
tarde guères à être suivie de celle du sac ;
une plaie à l'intestin détermine une inflammation dans la partie du péritoine que
touchent les lèvres de cette plaie, et l'adhé-
sion de l'intestin blessé avec la paroi abdo-
minale en est promptement la suite. Je vous
fais remarquer ces faits, parce que la communication des affections au moyen de la
contiguité, justifie une pratique dont, au
reste, on a de tout temps reconnu l'utilité ;
je veux parler de l'application des topiques
sur les parois des cavités dont les organes
intérieurs sont affectés, faite au point qui
répond à l'affection.

XI. L'anatomie des monstres doit être

considérée comme une section de l'anatomie pathologique, puisque les êtres dont
elle s'occupe, sont malades par rapport à
l'espèce. Elle me paroît encore propre à
répandre du jour sur plusieurs points de
Physiologie.

Je ne dirai rien des monstres par excès,
dont l'étude est pourtant d'un grand intérêt
pour l'établissement de plusieurs vérités spé-
culatives, je vous ferai seulement remarquer
les argumens que fournit l'anatomie des
monstres par défaut contre l'opinion de
ceux qui assignent irrévocablement à chaque
organe une telle fonction, qu'ils prétendent
être la suite *nécessaire* et *exclusive* de sa
constitution physique, et pour l'exécution
de laquelle nul autre, suivant eux, ne peut
le remplacer.

Si l'on me dit que la distribution de la
matière alibile dans toutes les parties du
corps, ne peut se faire qu'au moyen du
mouvement circulatoire du sang, et que ce
mouvement lui-même ne peut s'opérer que
par l'impulsion du cœur (1); j'opposerai à
ces assertions l'anatomie des fœtus qui se

_____

(1) Bichat en plusieurs endroits, particulièrement
dans l'Anatomie descript., art. du cerveau.

sont formés et ont pris de l'accroissement quoiqu'ils fussent privés de ce viscère (1).

Si l'on prétend que la moëlle épinière est l'organe d'où découle exclusivement la puissance vitale, que la vie, dans les diverses parties du corps, n'est que le résultat de son influence directe par les nerfs, et de son influence indirecte par les vaisseaux sanguins, dont le premier mobile est sous la dépendance de la moëlle; l'anatomie des monstres me fournira une objection qui fera évanouir le prestige des expériences les plus ingénieuses: des fœtus se sont développés, et ils étoient dépourvus de moëlle épinière. Donc la nutrition et l'accroissement peuvent s'opérer et par conséquent la vie exister dans un animal, sans l'organe qu'on en veut regarder comme la source. Que répondra-t-on? Que ces faits sont extrêmement rares? L'objection est aussi forte, quand de tous ceux

(1) Entre autres faits de cette nature, voyez une observation d'Ant. Everard, rapportée dans l'Appendix que Blasius a mis à la suite du Traité *de Monstris* de Liceti, et celle que Camper a faite sur un veau monstrueux, qu'il conservoit dans son cabinet; *Réponse à la question de la Société Batave*, etc.

qui ont été rapportés (1) on n'en admettroit qu'un seul. Que dans *la plupart*, il restoit assez de moëlle épinière pour entretenir les mouvemens du cœur (2) ? Mais on ne gagne rien, si l'on ne peut affirmer cela de tous ; et certes c'est impossible. Que la destruction de la moëlle est l'effet d'une maladie (3) ? Mais ce n'est là qu'une conjecture, et quand nous l'adopterions, on n'en seroit pas plus avancé, puisque, dans cette hypothèse, la disparition de l'organe a dû être

---

(1) Aux observations que cite Haller, joignez celle de M. Soemmerring sur un monstre sans cerveau et sans moëlle épinière qui est dans le conservatoire anatomique de Marpurg, *de Corp. Hum. fabricâ*, *T. IV*. §. 87, et celles que Huber a rassemblées dans sa Dissertation *de Medullâ spinali*.

(2) *Haller*, *Physiolog. Element.*, *Tom. IV*; *pag.* 356.

(3) *Id. ibid.* On a remarqué que le cerveau pouvoit manquer sans la moëlle, mais que toutes les fois que la moëlle manquoit, le cerveau manquoit aussi. Cette circonstance exclut toute idée de destruction de la moëlle par maladie, puisqu'il n'y auroit pas de raison pour supposer que la cause désorganisatrice doit agir constamment et en même-temps sur la moëlle épinière et sur le cerveau. L'absence simultanée des deux organes doit donc tenir à des conditions de l'organisation primitive.

précédée d'une désorganisation qui, depuis long-temps, en rendoit l'action impossible. et si le fœtus s'est conservé à l'abri de la décomposition et vivant, ce n'a pu étre par l'influence de ce viscère. Que ce sont des anomalies, des jeux de la nature ? Mais ces expressions n'ont pas de sens dans *l'ordre physique*, et il est impossible de concevoir rien d'intermédiaire entre le phénomène régulier et le miracle.

Si l'on affirme que nos penchans et toutes les déterminations de l'instinct, sont l'effet des perceptions de certains organes, dont les besoins s'expriment par ces impulsions (1), nous trouverons dans l'observation des individus naturellement mutilés, des faits qui jetteront bien des doutes sur cette théorie. Pourra-t-on la regarder comme incontestable, par exemple, si l'on voit des personnes, sinon complètement dépourvues des organes de la génération, au moins privées de ceux qui donnent de l'attrait à l'union des sexes, ressentir l'amour avec assez de violence pour franchir les bornes de la pudeur, et se soumettre à tous les

_____

(1) Cabanis, Rapport du physique et du moral de l'Homme.

désagrémens inséparables d'une liaison illi-
cite (1)?

Je n'irài pas plus loin. Il me suffit de
vous avoir montré la variété des services
que l'anatomie pathologique peut vous
rendre, pour que vous sentiez la nécessité
d'en faire une étude sérieuse.

XII. On parle tant, depuis quelques
années, de ceux que la Physiologie humaine
doit attendre de l'anatomie comparée, qu'il
vous importe de tâcher d'apprécier au juste
l'utilité de ce moyen d'investigation.

D'abord, on ne voit pas qu'elle puisse
servir à l'analyse des facultés vitales. Les
faits sur lesquels cette analyse doit reposer,

---

(1) M. Rubini a publié, dans le Journal de médecine de Parme (10.e volume), l'histoire d'une fille
dépourvue de toutes les parties naturelles extérieures,
en qui on ne découvroit pour tout organe sexuel
qu'un vagin d'un pouce de haut, terminé par un
cul-de-sac, et qui n'avoit jamais éprouvé *ni sensation, ni appétit vénérien*. Elle avoit pourtant un
attachement très-vif pour un jeune homme avec qui
elle vivoit dans le commerce le plus intime. Cela
me rappelle une remarque de St. Jérôme, consignée,
je crois, dans une lettre à Læta, sur l'éducation
de sa fille : c'est que les eunuques retiennent toujours les inclinations d'un homme.

ne peuvent pas être pris hors de l'Homme. C'est seulement d'après les phénomènes qui s'observent en lui, qu'on s'élève à la détermination des principes d'action qui résident dans son corps et qu'on en pose les lois. Que pourroit-on donc demander à l'anatomie comparée ? De nous montrer les circonstances de l'organisation d'où ces principes peuvent dépendre ; mais elle ne peut rien nous apprendre sur ce sujet ; les phénomènes vitaux n'ont point leur cause dans ce qui tombe sous nos sens, un polype, une méduse sentent, se meuvent, savent trouver leur nourriture et la saisir, digèrent, croissent, se nourrissent, propagent leur espèce aussi bien qu'un cheval, quoique de tout ce que nous pouvons apercevoir, il n'y ait rien de commun entr'eux.

Si donc elle est de quelque utilité dans cette partie de la Physiologie, c'est seulement en confirmant ce que l'anatomie pratique et la pathologie nous ont appris sur le défaut de correspondance constante entre les manières d'être des facultés vitales et celles de l'organisation sensible.

Pour ce qui est des fonctions publiques des organes, rappelons-nous la distinction que nous avons faite entre celles qui déri-

vent de la conformation et de la structure
de ces parties, par une nécessité physique,
et celles qui dépendent de principes d'action inconnus et observés exclusivement
dans les corps vivans.

Les premières peuvent, à la rigueur,
être connues au moyen des lois de la physique bien appliquées, et ne paroissent pas
avoir besoin d'un secours étranger. Néanmoins, il faut convenir que la comparaison
de la structure de l'Homme avec celle des
animaux, peut réveiller l'attention sur plusieurs détails du mécanisme de ses organes
et de l'usage des parties. Il est bien possible que nous ne connussions pas si bien
les rapports du squelette humain avec la
situation bipède, si la comparaison de ce
squelette avec ceux des quadrupèdes ne
nous avoit fait réfléchir sur les circonstances
qui l'approprient à cette attitude. Tous les
avantages de l'appareil destiné à la masti-
cation ne nous auroient peut-être pas
frappés, si nous n'avions observé les différences qui existent chez les autres espèces,
et qui sont relatives à la diversité de la
nourriture.

Il faut remarquer que, dans ces cas,
l'anatomie comparée ne nous éclaire pas

précisément comme moyen direct d'investigation , mais seulement en tant qu'elle nous fournit l'occasion de mieux étudier notre objet , en faisant naître mille questions auxquelles nous n'aurions pas songé.

On a dit encore, d'après Aristote, Galien, Fallope, Camper , que » telle partie dont » l'utilité nous échappe dans le corps humain, » parce qu'elle y est foiblement dessinée » et produite comme par hasard, se montre » dans les animaux avec des variétés de » forme et de grandeur , qui sont manifestement relatives aux variétés des besoins » et des mouvemens de chaque animal , » et que le dessein fondamental se découvre » par cette variété d'exécution (1) ».

Sur cela je ferai deux observations. 1.º Quand un organe qui porte le même nom chez divers animaux a dans chacun une conformation, une grandeur et une situation qui l'approprient à des usages particuliers, je ne vois pas que la comparaison qu'on en fait dans les différentes espèces, fournisse des connoissances sur son utilité dans chacune. Ainsi les fonctions du coccyx ne peuvent nullement être éclaircies par

_____

(1) Barthez, Sc. de l'Hom. , Discours préliminaire.

celles de la queue des animaux, qui n'est, dit-on, qu'un coccyx prolongé. Bien plus, les fonctions de la queue de l'écureuil n'ont rien de commun avec celles de la queue des sapajous, qui est un instrument de préhension, de la queue du kanguroo, qui est un organe de station et de locomotion, etc. Quand les circonstances anatomiques changent considérablement, les effets changent à proportion, et les comparaisons ne donnent aucun résultat. Mon ignorance sur l'organe à peine ébauché de l'homme reste donc la même, encore que j'aye clairement vu les fonctions de l'organe correspondant parfaitement développé chez certains animaux.

2.º Quant à *ce dessein fondamental* que l'anatomie comparée nous fait découvrir, c'est un principe dont il seroit trop facile d'abuser, pour qu'il n'en faille pas borner l'usage (1). On doit le considérer comme

----

(1) Un des inconvéniens de son admission dans la Physiologie, c'est qu'on semble s'obliger à rendre raison des dérogations. Par exemple, le trou incisif, dans plusieurs espèces, paroît destiné à porter l'humeur lacrymale dans la bouche. Il est évident que, dans l'Homme, il ne peut pas avoir cet usage. Si nous disons qu'il est là pour l'uniformité du plan, nous nous enga-

un résultat général et non comme un moyen d'investigation. Je ne puis raisonnablement rapporter à ce principe l'existence d'une partie , que lorsque je me suis convaincu de sa superfluité , de sa complète inutilité dans le système ; c'est-à-dire , quand je sais sur cette partie tout ce qui intéresse le physiologiste. D'où il s'ensuit que la Physiologie confirme le principe , mais non que le principe est un instrument de découverte pour la Physiologie.

On voit donc qu'en regardant de près les applications de l'anatomie comparée à la théorie des fonctions organiques ou mécaniques de l'Homme , leur utilité se réduit à nous montrer des oppositions qui sont pour nous une occasion de mieux étudier notre objet. Passons aux services qu'on peut en retirer pour déterminer les usages des parties, en tant que ces usages dépendent d'une action hyperorganique.

---

gcons à dire pourquoi la Nature a renoncé tout à fait à cette uniformité dans les cétacées , où l'on n'observe point de trou incisif , et même dans l'éléphant , où l'on ne trouve qu'un conduit presque imperceptible, qui est vraisemblablement celui du nerf nasopalatin de Scarpa.

XIII. Il me semble qu'on peut réduire aux quatre propositions suivantes, ce qu'on a dit en faveur de ce moyen considéré sous le rapport dont je parle.

1.º L'anatomie comparée nous fait connoître les usages d'un organe, en nous montrant quelles sont les fonctions qui manquent aux animaux qui en sont privés, et celles qui dominent chez les animaux où il est très-développé.

2.º Elle détermine l'utilité de chaque pièce d'un appareil organique, en observant dans les divers animaux quelles sont les variétés de structure qui correspondent à des variétés données des fonctions.

3.º Elle nous apprend à estimer l'importance respective des organes, d'après leur degré de constance dans les différentes classes.

4.º Le corps humain, dit-on encore, est le système d'organes le plus compliqué ; ce système se simplifie à mesure qu'on descend dans l'échelle des animaux. D'après cela, le procédé le plus conforme aux règles de l'analyse pour étudier l'Homme, seroit d'étudier successivement les fonctions de ces organes d'abord dans les êtres les plus simples, ensuite dans les plus voisins pourvus

d'un organe de plus , et ainsi de proche
en proche jusqu'à l'Homme, où l'on trouve
réunis presque tous les organes qu'on a
vus s'ajouter en détail aux combinaisons
précédentes.

1.º Est-il bien vrai que l'anatomie des
animaux puisse nous donner des notions
certaines sur l'usage des parties , en nous
montrant que l'absence d'une telle fonction
chez diverses espèces , coïncide avec celle
d'un tel organe ?

Je conviens d'abord que , si l'on voyoit
une fonction déterminée s'exercer dans
toutes les espèces pourvues d'un tel organe et disparoître dans *toutes* celles où
cette partie manqueroit , et l'activité de
l'une toujours proportionnée au développement de l'autre , ce seroit une raison
suffisante pour regarder l'organe comme
l'agent de cette fonction. Mais il y a là
deux conditions trop difficiles à remplir ,
pour que l'usage de ce moyen n'en soit
pas extrêmement restreint.

En premier lieu, il est clair que la con-
clusion n'a le degré de probabilité suffisant,
que lorsque la simultanéité de l'existence
et de la non-existence de la fonction et
de l'organe , et le rapport entre la perfec-

tion de l'une et le développement de l'autre, ont été observés sur un grand nombre d'espèces, et qu'on est en état d'affirmer que, dans aucun animal, on ne trouve la fonction sans l'organe ou réciproquement. Cette constance est d'autant plus nécessaire que notre esprit n'apercevant aucune relation entre les qualités sensibles de l'organe et la nature de la fonction qui lui est attribuée, on a toujours à craindre de tomber dans un *non causa pro causâ*, et de prendre une coexistence fortuite pour la preuve d'un rapport de causalité : erreur qu'il est bien difficile d'éviter, et de laquelle n'ont pu se garantir ni G. W. Wedelius, qui a soutenu que l'Homme est redevable à la luette de la variété prodigieuse des inflexions de sa voix, et a fondé son sentiment sur ce que l'Homme possède seul cette faculté et cet organe (1); ni M. Carlisle, qui fait dépendre la rapidité

_____

(1) *Exercitat. Medic. Philos. decad. duæ, exerc* XI. Je parle ici de cette erreur, quoique la formation de la voix ne soit pas une fonction hyperorganique; car si dans une fonction de cette sorte, on tombe dans une pareille méprise, que sera-ce pour celles qui n'ont aucune relation apréciable avec la structure de leurs organes?

des mouvemens musculaires , de la disposition rameuse des vaisseaux sanguins , et la
lenteur des tardigrades, de la distribution des
artères des membres en manière de plexus
(1) ; sans songer qu'il y a dans les diverses
espèces , par rapport au degré d'agilité , des
variations infinies avec lesquelles la structure
des artères n'a aucune relation constante.

M. Sœmmerring, pour prouver l'existence
du fluide nerveux , qu'il croit de nature
électrique, tire son principal argument d'un
fait d'anatomie comparée, qui est que dans
les poissons électriques , les nerfs des organes électriques sont extrêmement gros (2).
Je cherche pourquoi cette preuve ne me per-
suade pas ; et je crois en trouver la cause en
ce qu'on ne me montre pas dans toutes les
espèces un rapport constant et direct entre
le développement des nerfs et la faculté de
produire volontairement des phénomènes
électriques. Si l'Homme avoit ce pouvoir
en quelque degré , et s'il se manifestoit
dans les autres animaux avec une intensité

---

(1) *Philosophie. Transact.* Voyez aussi M. Cuvier
Leçons d'Anat. comp., 25.ᵉ leçon, art. 1.ᵉʳ

(2) Mém. cité sur la résorption de l'humeur des
nerfs.

proportionnée à la grosseur de leurs nerfs, je ne contesterois plus ; cela n'étant point, on ne peut pas exiger que je compose la Physiologie de l'Homme avec des observations faites sur la torpille.

En second lieu, je demande s'il est aussi facile de constater l'absence d'une fonction hyperorganique, que celle d'un organe. Les fonctions sur les agens desquelles on a des incertitudes, doivent être des élémens accessoires des grandes fonctions, élémens qui se rapportent à des besoins inconnus. Or quand un organe disparoît dans une espèce, tout m'induit à penser ou que le besoin auquel il s'applique n'y existe pas, ou qu'un autre organe y pourvoit. Je n'ai donc aucun moyen de m'assurer de ses usages, puisque tout étoit primitivement arrangé pour se passer de lui, et que je n'ai jamais l'avantage d'observer les effets de la vacance de son emploi. Suis-je bien avancé sur l'utilité de l'appendice vermiforme du cœcum, quand je sais que, de tous les mammifères, l'Homme et l'Orang seuls en sont pourvus ? Que puis-je conclure sur les usages de la vésicule du fiel, de ce qu'elle manque chez des animaux de genres très-divers, et notamment chez le rat commun et chez la souris, qui se nourrissent de la plupart des substances qui forment les alimens de l'Homme ? Qu'apprends-je sur les fonctions de la rate, quand je vois ce viscère diminuer de grandeur et d'importance anatomique dans les espèces inférieures, et disparoître chez les insectes ? Pour tirer parti de ces connoissances, il faudroit que l'absence des organes se fît sentir par quelque besoin non-satisfait ; faute de cela, je n'en puis rien inférer sur les avantages que l'Homme retire de leur possession.

2.º Cette dernière objection me paroît avoir la même force contre la seconde proposition avancée en faveur de l'anatomie des animaux. Pour découvrir les usages de chaque pièce d'un appareil très-composé, sans doute il seroit du plus grand intérêt de suivre les diverses imperfections des fonctions de cet appareil, à mesure qu'il se simplifie dans les espèces inférieures. Que manque-t-il à l'accomplissement de ce projet ? C'est de pouvoir constater l'imperfection de ces fonctions, et montrer la correspondance d'une telle défectuosité physiologique avec un tel retranchement anatomique.

Les recherches des anatomistes modernes sur l'organe de l'ouïe chez les divers animaux, sembloient nous promettre de grandes lumières sur l'utilité des diverses parties de l'oreille. » C'est ici que se fait sentir » l'avantage de l'anatomie comparée », dit celui des physiologistes qui est le plus capable d'obtenir de cette science tous les services qu'elle peut rendre (1). » Il est » bien naturel de croire que les parties qui » se trouveront constamment dans tous les » animaux qui entendent, seront celles qui » sont absolument nécessaires à l'ouïe en » général ; et que celles-là auront un rap- » port plus particulier avec tel ou tel ordre » de qualités du son, qui se trouveront plus » développés dans ceux des animaux qui » perçoivent plus parfaitement cet ordre de » qualités (2) ». Voilà nos espérances ; voici un aveu qui paroît les détruire sans retour : » C'est ce dernier point qui présente seul » de la difficulté, continue M. Cuvier, parce » qu'il nous est presque impossible de nous » assurer de l'espèce et du degré des per-

_____

(1) M. Cuvier, l. c., leçon 13.e, art. 1.er.

(2) On ne peut cependant pas affirmer *à priori* que les diverses qualités du son ayent besoin de divers organes pour être perçues ; un organe unique suffit bien pour plusieurs qualités tactiles différentes,

» ceptions de tout ce qui n'est pas nous ».
Et en effet , nos connoissances sur les
usages des parties de l'organe auditif de
l'Homme se réduisent encore aujourd'hui
aux vérités et aux conjectures qu'on pos-
sédoit avant les découvertes modernes sur
la structure de cet organe dans les animaux.

3.º Haller nous donne un exemple de
l'utilité de l'anatomie comparée , pour décider lequel de plusieurs organes qui appartiennent au même appareil dont on connoît
la fonction , est l'organe essentiel ; il le tire
de l'appareil biliaire. » On demande , dit-
» il , si toute la bile se sécrète dans le foie,
» si toute se sécrète dans la vésicule, ou si
» elle est le produit de l'un et de l'autre.
» Il seroit très-difficile de décider cette ques-
» tion d'après l'anatomie humaine seule ;
» mais celle des animaux vient à notre
» secours. Elle nous montre plusieurs espèces
» où la bile se forme seulement dans le foie,
» puisqu'ils n'ont point de vésicule ; elle
» ne nous en découvre aucune où l'on trouve
» la vésicule sans foie.... Par où l'on voit que
» la bile a besoin du foie pour sa formation ,
» qu'elle peut se passer de la vésicule, que
» par conséquent elle ne se sécrète pas
» dans ce dernier organe , mais qu'elle

» y passe après avoir été préparée dans
» l'autre ».

Qu'on réfléchisse sur cet exemple , et
qu'on voie si cette manière de raisonner
produit la conviction. Chacun doit mettre
à part les inductions qu'il aura pu tirer de
l'anatomie ordinaire et de l'anatomie pathologique , et se demander si son opinion
seroit suffisamment affermie sur cette preuve.
Il me semble que , sans mériter le reproche
d'être trop difficile, il est permis de répondre:
tout cela ne me prouve qu'une chose ; c'est
que le foie sécrète de la bile , et qu'il est
le seul organe de cette fonction dans les
animaux dépourvus de vésicule. Mais comme
j'ignore les conditions d'organisation indispensables pour cet emploi, je n'oserois jamais
affirmer que la vésicule est incapable de
contribuer à le remplir, quand même les
crustacés n'auroient pas pour tout organe
biliaire ces vessies ou tubes que M. Cuvier
nomme *cœcums hépatiques*. Quant à l'importance de la partie, si j'étois persuadé
que la vésicule ne se borne pas à partager
les fonctions du foie , mais qu'elle en remplit de distinctes tout aussi essentielles ,
votre raisonnement ne pourroit me prouver
que je me trompe ; car de ce que la sécré-

tion du foie suffit à un animal, je ne dois pas conclure que celui qui est pourvu de la vésicule pût vivre s'il en étoit privé.

4.º Pour ce qui est du conseil de procéder » à la solution du grand et difficile » problème de l'économie vivante, en commençant par en expliquer les termes les » plus simples; en s'élevant par degrés des » plantes aux animaux végétans, tels que » les polypes, de ceux-ci aux animaux à » sang blanc; puis aux poissons et aux reptiles; de ces derniers aux animaux à sang » chaud, et enfin à l'Homme lui-même, » placé au sommet de cette longue série » d'Êtres »: il seroit bon à suivre, si le polype n'étoit qu'une plante avec un organe de plus; les animaux à sang blanc, un polype avec un organe de plus; les animaux à sang chaud, des poissons ou des reptiles avec un organe de plus; l'Homme, une brute un peu plus compliquée; encore même, dans ce cas, ne seroit-on pas sûr d'éviter l'erreur, s'il est vrai que les fonctions ne dépendent pas seulement de la constitution organique des parties, mais encore de l'action d'une cause inconnue dont les affections et les dispositions intimes ne conservent pas dans leurs variations chez les diffrérentes

espèces, un rapport direct avec les variations
de l'organisation sensible (1).

Que si l'on néglige la considération de
cet agent ; qu'on s'obstine à dire que les
phénomènes vitaux dépendent exclusivement de propriétés inhérentes à la matière
organisée : il faudroit au moins, pour échapper aux difficultés autant qu'il est possible

---

(1) Aux preuves de ce défaut de rapport que nous
avons plusieurs fois rappelées, nous en pourrions
ajouter bien d'autres. Il ne seroit pas difficile d'établir, 1.º que l'analogie de structure entre deux organes semblables chez deux animaux, ne suppose
pas identité du mode d'action ; ainsi quelle que soit
la ressemblance de l'appareil musculaire des yeux
chez les mammifères et même chez les reptiles,
certains de ces animaux, tels que le lièvre et le
caméléon peuvent mouvoir les deux yeux en même-
temps en deux sens divers, tandis que chez d'autres
ces organes sont soumis à des mouvemens synergiques
sur lesquels la volonté ne peut rien : quoi qu'en ait
dit Porterfield, qui a prétendu contre son sens intime, que puisque le caméléon dirigeoit ses deux
yeux en même-temps sur deux objets divers, l'Homme
devoit avoir la même faculté, et qui a fait de cette
opinion la base de sa Théorie du strabisme (Essais
de méd. d'Edimbourg, T. 3). 2.º Que la différence
de structure de deux organes homologues n'empêche
pas qu'ils ne remplissent des fonctions identiques.
Sur ce dernier point, je citerai un fait récemment

de le faire quand on s'amuse à des hypothèses , supposer , comme Cabanis , que
dans cette complication successive des organes , l'adjonction d'un organe nouveau
n'a pas seulement pour effet d'ajouter ses
fonctions à celles du système antérieurement
formé , mais que la nouvelle combinaison
amène en vertu des sympathies , des chan-

---

acquis. M. Provençal , professeur de zootomie à la
Faculté des sciences de Montpellier , dans un mémoire présenté à la Société des sciences et des arts,
nous apprend qu'il existe une grande différence entre
la structure du nerf optique de l'Homme , si bien
décrite par M. Reil (*Exercit. anat.* , *fasc.* 1) , et
celle qu'il a lui-même trouvée dans le nerf optique
d'un gros thon. Au lieu de ces petits canaux remplis
de substance médullaire , et unis par de fréquentes
anastomoses , dont parle le premier , il a vu dans ce
poisson une véritable membrane médullaire plissée
inégalement , de manière que ses plis parallèles for-
moient un solide presque cylindrique ; membrane qui
est susceptible de se développer par la dissection.
Malgré cette diversité de structure , le nerf optique
et son expansion ont le même usage dans les deux
espèces , celui de servir à la perception de l'impression faite au fond de l'œil · or l'objet de cette perception est si simple , qu'on ne conçoit pas même
qu'elle puisse s'opérer de deux manières, et l'on n'a
pas ici la ressource de faire une analyse semblable
à celle que l'on a faite des qualités du son.

gemens profonds aussi impossibles à prévoir
que ceux que les combinaisons chimiques
introduisent dans les élémens qui se réunis-
sent pour former des mixtes. Or dans cette
supposition , après l'examen prétendu analytique des organes disséminés , on ne seroit
pas plus avancé pour la connoissance de
l'Homme , qu'on ne le seroit pour celle des
propriétés physiques de l'eau après l'examen
de l'hydrogène et de l'oxigène , par lequel
on en auroit commencé l'étude.

Tenons-nous donc dans une juste réserve;
suivons les conseils de M, Sœmmerring ,
qui déclare avoir rarement fait usage de
ce moyen , parce que les raisonnemens
déduits de l'anatomie des animaux ne
doivent être appliqués à l'Homme qu'avec
la plus grande retenue (1); sachons tirer
de l'anatomie comparée les services réels
qu'elle peut nous rendre , mais ne donnons
pas ce titre à des promesses flatteuses sans

_____

(1) *Tantùm dumtaxat è brutorum anatome inse-
rui , quantùm ad explicandam corporis humani
structuram, vel illustrandam Physiologicam thesin
opus esse videbatur....... partim quòd argumenta è
brutis collecta , nonnisi maximâ cum cautione in
hominem conferri possunt partim , quòd præcipuè
medicis consulere volui.*

effet. Elle peut se passer de louanges exa=
gérées. Quand elle seroit complètement
isolée et étrangère aux sciences pratiques,
elle a assez de charmes pour qu'on ne fût
jamais tenté de demander à quoi elle est
bonne. Mais outre qu'elle est la base de la
Physiologie générale, et qu'elle fournit les
preuves les plus convaincantes pour le principe des causes finales ; le médecin peut en
retirer de quoi se payer des momens qu'il
lui aura consacrés. Il y puisera des faits
dont il pourra se servir contre ceux qui
rapportent tous les phénomènes vitaux à
l'organisation. Il y trouvera la confirmation
de ses théories sur l'utilité de nos organes,
en suivant les changemens que les formes
subissent dans les autres espèces, selon la
diversité des besoins et selon les rapports
de chaque partie avec le système entier.
Elle lui donnera le moyen de satisfaire ce
goût naturel que nous avons tous, selon la
remarque d'Aristote, pour la recherche des
ressemblances cachées entre des Êtres différens (1). Enfin des connoissances dans

_____

(1) M. Blair a développé ce principe dans ses leçons
de Rhétorique. Il y ajoute que le plaisir intellectuel
n'est pas moindre quand nous découvrons des différences entre des objets semblables.

l'anatomie comparée sont indispensables pour faire sans tâtonnemens et avec adresse les expériences sur les animaux vivans, autre moyen d'investigation dont nous allons examiner l'utilité.

XIV. L'ouverture des animaux vivans a dû paroître de bonne heure un moyen très-propre à mettre en évidence toutes les fonctions cachées. Quand après l'étude de l'anatomie, la curiosité s'est trouvée si loin d'une satisfaction complète, elle a inspiré l'envie de contempler sans voile le jeu de ces parties, dont l'immobilité est comme celle d'un atelier quand l'artiste est absent. Dans les deux cas, comment découvrir la destination de ces instrumens, si on ne les a jamais vus sous la direction de celui qui apprit à les conduire ?

Ce désir a facilement triomphé de la

Au reste, ceux qui se livrent à l'enseignement de la Physiologie humaine peuvent tirer de l'anatomie comparée des secours infaillibles pour répandre de l'agrément dans leurs leçons. Rien ne plaît tant aux auditeurs que ces sortes de rapprochemens, lors même qu'ils n'ajoutent rien à la solidité ni à la clarté de la doctrine. Or comme le Professeur ne peut pas instruire s'il n'intéresse, il se priveroit d'un grand avantage s'il s'interdisoit l'usage de ces applications.

compassion qu'excite naturellement en nous la vue des souffrances d'un Être sensible, et si l'on en croyoit des bruits apparemment calomnieux, la soif de l'instruction auroit même poussé quelques hommes à des excès qu'aucun motif ne peut soustraire à l'exécration.

Mais comme les vraisemblances sur l'utilité des vivisections pourroient n'être pas la vérité, réfléchissons.

1.º En mettant à découvert les organes cachés d'un animal vivant, on y aperçoit les phénomènes de mouvement et de couleur, et généralement tous ceux qui peuvent frapper la vue. Nous jouissons ainsi d'un spectacle qui nous intéresse plus encore par sa singularité que par les connoissances directes que nous en retirons. Cette autopsie a plus d'efficacité pour produire dans l'esprit du plus grand nombre une entière conviction, que les raisonnemens par lesquels nous avons conclu que les choses devoient se passer comme nous le voyons. Deux ou trois faits communs et la structure anatomique du système vasculaire, démontrent à notre entendement l'existence et le mode de la circulation du sang ; n'importe, nous trouvons encore du plaisir à voir de

nos propres yeux les mouvemens de ce
fluide dans les vaisseaux diaphanes d'un
animal vivant. La couleur vive du sang
rendu dans l'hémoptysie, la différence qui
existe entre le sang artériel et le sang
veineux, la teinte livide que prend souvent
toute la surface du corps, lorsque la respiration est interceptée ; tout cela nous
apprend assez quel est le changement que
cette humeur subit dans les poumons ; cependant nous voulons encore l'examiner
immédiatement à son entrée et à sa sortie
du viscère. Il ne nous suffit pas que la
fonction soit connue par les faits, les
yeux veulent partager les jouissances de
l'esprit.

Ce désir est général ; il est raisonnable.
Au lieu de le blâmer, reconnoissons hautement l'utilité du moyen qui nous sert à le
satisfaire, et disons que pour toutes les
fonctions qui tombent sous les sens et qui
sont communes à l'Homme et aux animaux,
les vivisections nous procurent un avantage
réel en nous fournissant l'occasion de les
observer de nos propres yeux.

Mais il ne faut pas tirer parti de cet aveu
pour déclarer que ce moyen est toujours
indispensable. Tout le monde n'a pas besoin

pour être convaincu de certains faits, que la connoissance lui soit immédiatement parvenue par la voie des sens ; il est des hommes qui peuvent sans danger se contenter de la conviction acquise par les instrumens de recherche qui sont à la disposition de l'esprit. Quand De Lisle avoit, par le rapprochement de divers passages des anciens Auteurs, éclairci un point obscur de Géographie, il n'étoit guère moins certain de la vérité de ses découvertes, que ne l'ont été depuis les voyageurs qui les ont vérifiées par des observations directes.

2.° Dans ces derniers temps, les vivisections et les expériences ont été familièrement employées à la recherche analytique des propriétés vitales. Mais si l'on y pense bien, on trouvera que ce moyen est insuffisant et souvent fautif.

D'abord ces propriétés ne nous étant connues que par leurs effets, il n'y a que celles dont les effets frappent promptement les sens, qui puissent être découvertes par des tentatives de ce genre. La propriété d'opérer un mouvement en vertu du contact de certains corps ; celle de donner au sensorium commun la perception d'une impression pénible (1) ; celle de recevoir et de communiquer à tout le système vivant les effets graves et subits de certaines impressions délétères : voilà presque tout le domaine des vivisections employées à l'analyse des facultés de la vie. Mais la propriété de composer, avec les matériaux extraits des alimens, une substance semblable à celle dont nous sommes formés ; de l'ajouter à nos parties, pour accroître notre corps ou réparer ses pertes, et de la rendre participante de toutes les forces qui appartiennent au système vivant ; mais celle de modifier les fluides de manière à leur donner le pouvoir de transmettre les maladies contagieuses ; mais celle d'opérer une sorte de départ dans les humeurs, et de donner aux fluides séparés de la masse générale une forme déterminée ; mais celle qui maintient l'association des molécules hétérogènes dont le corps animal se compose, et les empêche d'obéir à l'action des agens dissolvans......; je le demande, que nous apprennent les expériences sur ces propriétés et sur plu-

_____

(1) Je dis *pénible* ; car si l'impression ressentie ne cause pas de la douleur, l'animal ne témoigne pas la sensation.

7

sieurs autres que l'analyse rigoureuse des faits nous force d'admettre ?

L'École de Haller, qui a pris l'irritabilité et la sensibilité pour les pivots de sa doctrine, et qui a cru pouvoir expliquer tous les phénomènes vitaux par ces deux propriétés, a donné une importance outrée aux vivisections, et l'on en voit assez la cause. Mais celui qui ne veut pas se prêter aux combinaisons hypothétiques, nécessaires pour donner un air de vraisemblance à l'explication d'une infinité de phénomènes différens par un si petit nombre de principes, n'a garde de mettre un si haut prix à des travaux dont la Physiologie médicale a retiré peu d'avantages, et dont même elle a souvent été obligée de corriger les résultats.

Oui, corriger. Il y a dans ce mode de recherche plusieurs causes d'erreurs contre lesquelles on ne s'est pas assez précautionné, et dont les effets auroient nui à la science, si les Médecins ne s'étoient opposés à des dogmes introduits sans leur aveu.

3.° Mais les expériences sur les animaux ne sont-elles pas au moins l'ame de la doctrine des sympathies ? Qu'y a-t-il de plus

simple que de blesser une partie èt d'observer les symptômes éloignés et sympathiques qui résultent de cette lésion?

Que ceux qui sont initiés dans la science
de l'Homme répondent, et disent si sur
ce point encore, l'événement n'a pas trompé
notre attente. Trois raisons feront sentir
que si les vivisections accroissent l'histoire
des sympathies, ce ne pourra être que par
hasard.

La première, c'est que les sympathies ne
se font pas remarquer également à la suite
de toutes les lésions; tel organe souffrira
seul un grand nombre d'impressions pré-
judiciables, qui s'associera promptement
d'autres organes ou même tout le corps
pour des affections d'un genre particulier,
beaucoup plus légères, au moins en apparence, et qu'il ne nous est pas donné de
faire naître à volonté.

La seconde se trouve dans l'instabilité des
relations sympathiques qui les dérobe aux
recherches expérimentales, et les met dans
le ressort de l'observation casuelle. Ce ne
sont pas des phénomènes d'une intensité
constante, qu'on puisse remarquer dans
tous les instans, à tous les âges, dans tous
les états de la vie, et sur lesquels la Nature

veuille répondre quand il nous plaît de l'interroger ; ce sont des affections cachées dont il faut lui surprendre le secret quand elle le laisse échapper.

La troisième enfin est que les sympathies diffèrent extrêmement dans les diverses espèces, et qu'il n'y a point de sûreté à transporter à l'Homme les observations positives ou négatives faites à ce sujet sur les animaux. Que de lésions peut impunément supporter chez ces derniers un organe essentiel, qui suffiroient chez la plupart des hommes pour éteindre la vie ou du moins pour bouleverser l'économie !

4.º Terminons l'examen de ce moyen par l'aveu de l'utilité dont il peut être pour découvrir les usages hyperorganiques des parties, lorsqu'ils ne tombent pas sous les sens. C'est sous ce point de vue que les expériences sur les animaux vivans rendent des services réels à la Physiologie. En gênant la liberté d'un organe, en le blessant, en le retranchant, on se procure l'avantage d'observer les changemens que ces opérations ont introduits dans les fonctions, et si l'on pouvoit être convaincu que ces organes sont physiologiquement les mêmes que ceux qui leur correspondent dans l'Homme, les résultats de ces tentatives laisseroient peu à désirer.

Néanmoins il y a ici un piége où plusieurs sont tombés. Un organe a de l'influence sur l'économie entière, non-seulement par les fonctions publiques qu'il remplit, mais encore par les relations sympathiques qu'il entretient avec le système des forces. D'après cela, lorsque l'expérimentateur blesse ou retranche un organe, comment distinguera-t-il les changemens produits par la cessation ou par le trouble de ses fonctions, de ceux qui dérivent de l'action sympathique dont ces lésions sont la cause ? Supposons que ne jugeant des fonctions de l'estomac que d'après les événemens funestes qui en ont quelquefois promptement suivi les blessures, on prétendît que ces fonctions consistent dans la production d'un principe dont l'irradiation ne peut être un instant suspendue sans laisser éteindre la vie ; il est évident qu'on n'auroit pas distingué les usages proprement dits, de l'action sympatique, et que cette confusion deviendroit la source d'un dogme faux. Voilà ce qui a dû arriver inévitablement à la suite d'un grand nombre d'expériences, et contre quoi je me

connois de préservatif que dans les observations pathologiques

Je suis loin d'avoir épuisé les reproches
qu'on pourroit faire avec justice à ce moyen
d'investigation ; mais je puis en rester là,
si ce que j'ai dit en montre l'insuffisance,
et fait sentir la nécessité de ne pas s'y
borner (1).

XV. L'Histoire de l'Homme malade est
une mine intarissable de connoissances
physiologiques. Cette vérité, pour être sentie, n'a pas besoin d'un grand appareil de
preuves ; il suffit de l'examen le plus superficiel. Toutes les maladies dépendent ou
d'une altération organique des parties, ou
de la viciation d'une ou de plusieurs des
facultés dont le corps vivant est doué.

_____

(1) M. Prunelle m'écrivoit dernièrement de Paris :
» J'ai lu la dernière conversation de Lagrange avec
» trois grands personnages. Vous vous étonnerze
» peut-être d'apprendre que ce grand Géométre .
» étoit mille fois plus médecin que beaucoup de gens
» qui s'en piquent. Savez vous qu'il y a dans cette
» conversation un passage terrible contre les assom-
» meurs de chiens ? *C'est en observant l'Homme*
» *malade que vous connoîtrez l'Homme sain, et non*
» *point en tourmentant de pauvres petites bêtes qui*
« *n'en peuvent mais* ».

L'étude philosophique des affections qui
tirent leur origine de cette dernière cause
est la meilleure analyse des propriétés
vitales. L'intégrité de certaines fonctions
malgré l'imperfection ou l'abolition des
autres, nous révèle la différence des facultés
d'où elles découlent; et lorsqu'on ne s'arrête
pas aux faits les plus communs, mais qu'on
porte son attention sur ces cas qui sont sin-
guliers à force d'être simples , qui présentent la lésion d'une faculté seule au milieu
de l'équilibre parfait de toutes les autres ;
l'esprit parvient à déterminer à peu près le
nombre des actes primitifs et élémentaires
qu'exerce la cause de la vie. L'étude des
affections locales de tous les genres nous
conduit à la détermination de l'usage des
parties , et celle des maladies organiques
nous apprend quelles sont les conditions de
l'organisation sensible, auxquelles semble
plus fréquemment tenir le libre exercice des
fonctions. Enfin l'étude des unes et des
autres nous offre à tous les instans l'occasion de constater les rapports sympathiques
qui régnent entre les divers organes.

Mais si la pathologie nous présente des
faits assez concluans pour servir de base à
des principes physiologiques, il est évident

comme un axiome que ces faits méritent la préférence sur les observations étrangères, puisque les conclusions directes qu'on en déduit ont une certitude bien supérieure à celle des conclusions analogiques.

Une conséquence de cette vérité incontestable , c'est que les principes établis sur des faits pathologiques reçoivent peu de lumière de la part des faits étrangers ; que dans le cas de concordance , ces derniers sont une superfluité dont on ne doit aucune reconnoissance au moyen qui les a fournis ; que dans le cas d'opposition , les premiers ne peuvent jamais être ébranlés , mais qu'ils bornent les dogmes contradictoires aux faits étrangers sur lesquels ils reposent; qu'enfin un principe fondé seulement sur des faits étrangers , mais qui n'est pas opposé aux faits propres , n'a pas droit de prendre rang parmi les vérités reconnues, mais doit être considéré comme l'initiative d'une proposition qui a besoin encore d'un appareil de preuves directes (1).

----

(1) On a dit que » les recherches les plus habiles » des Anatomistes ou des Physiologistes qui n'ont » aucune connoissance des rapports naturels (entre » les animaux) , restent presque inutiles jusqu'à ce

Que resteroit-il donc à faire pour établir que ce moyen d'investigation doit tenir le premier rang ? Il faudroit montrer que la quantité et la variété des faits pathologiques sont telles, qu'ils fournissent presque sur tous les points de la Physiologie autant de preuves directes, que les autres moyens en fournissent d'analogiques ; qu'à l'aide de la multiplicité des cas, le hasard produit des circonstances aussi favorables à l'observation que celles que l'art rassemble avec industrie ; qu'en réunissant sur ces faits, pour en considérer toutes les faces, la force d'attention qu'on est obligé de partager entre des objets divers, lorsqu'on emploie les deux moyens précédens, on doit en obtenir une foule de résultats dont la certitude et l'utilité seront le prix de cette préférence.

Or je ne crois pas qu'il fût difficile de porter ces propositions au plus haut point d'évidence, s'il étoit permis de s'engager dans la discussion des faits.

» qu'elles soient remaniées par des hommes doués » du génie de la classification ».

Mais si ce remaniement-là ajoute quelque chose d'*utile* à ces recherches, je réponds toujours bien que ce n'est pas pour les Médecins.

Jetez seulement un coup-d'œil rapide
sur la Pathologie externe, et tâchez d'entrevoir, non pas précisément les services
qu'elle a rendus à la Physiologie, mais ceux
qu'elle pouvoit lui rendre. Car pour apprécier l'utilité d'un instrument, il est tout
simple qu'il ne faut pas mettre sur son
compte la maladresse, l'ignorance ni les dis-
tractions de celui qui le tient dans ses mains.
Ceux qui se sont particulièrement livrés à
l'exercice de la chirurgie, n'ont eu qu'un
but dans l'examen des faits : celui de perfectionner les méthodes thérapeutiques. Si
la disposition de leur esprit avoit été différente, s'ils avoient songé que les phénomènes dont ils étoient témoins chaque jour
étoient la base la plus solide d'un grand
nombre de principes spéculatifs ; si au lieu
d'être absorbés par une seule sorte de
recherche, ils s'étoient appliqués à considérer chaque fait sous tous ses rapports : ils
n'auroient assurément pas laissé aux autres
moyens d'investigation l'honneur d'une infinité de découvertes, et la science de l'économie animale se seroit plutôt enrichie. Le
premier qui eut à traiter une de ces larges
plaies de l'abdomen qui s'accompagnent
d'éventration, pouvoit priver Asellius de la

gloire qu'il s'est acquise en découvrant les vaisseaux lactés par les vivisections ; et le premier qui reconnut l'utilité d'une ligature pour pratiquer la phlébotomie , et de la compression d'une artère pour arrêter une hémorragie , pouvoit prévenir Harvée dès la naissance de l'Art , et épargner à la Physiologie peut-être trente siècles d'attente.

En jugeant d'après cette maxime les faits dont la Chirurgie s'occupe , on verra si la Physiologie a réellement besoin de secours étrangers.

1.º Les plaies et les autres solutions de continuité ont fréquemment soumis à l'exploration des sens , les parties les plus profondément cachées , et les fonctions perceptibles au tact et à l'œil , ont été dégagées de leurs enveloppes , presque aussi parfaitement que dans les vivisections entreprises pour cette fin. La substance du cerveau a été ouverte en tous les sens , à diverses profondeurs ; les muscles , les poumons , tous les viscères , le cœur lui-même , sont long-temps restés exposés aux regards des chirurgiens.

2.º Les observations que les maladies externes nous donnent chaque jour l'occasion de faire , sont un moyen supérieur à

tout autre pour procéder à l'analyse des forces
vitales; et certes il existe sous ce rapport une
grande différence entre la Physiologie des
expérimentateurs et celle des pathologistes.

L'histoire de la gangrène nous a donné
les notions les plus positives que nous ayons
sur les lois de cette force d'incorruptibilité,
que Stahl considéroit, peut-être à tort,
comme la propriété la plus étroitement liée
à la vie, et qui soustrait le corps animal à
la décomposition dont il est continuellement menacé par les élémens au milieu
desquels il est plongé, et par le peu d'af-
finité de ses propres principes.

Les observations chirurgicales nous ont
appris que la sensibilité de conscience peut
se développer accidentellement dans des
parties où l'anatomie la plus industrieuse
n'a pu découvrir aucun nerf, et qui dans
l'état de santé ne transmettent au sensorium
aucune des impressions qu'elles reçoivent :
et c'est de ces faits, bien constatés, puisque
le sujet de l'expérience étoit lui-même
observateur, qu'est déduite cette conclu-
sion, que le principe de la sensibilité n'est
pas une propriété *nécessaire* et *exclusive*
du système nerveux.

Elles ont prouvé que la puissance d'opérer

des mouvemens vitaux de condensation et
de raréfaction, ne réside pas exclusivement
dans la fibre musculaire, à laquelle on l'avoit
bornée ; mais qu'elle est répandue sur tout
le système vivant, sans en excepter les os ;
que par-tout elle rend sa présence certaine
par ses effets, par les constrictions spasmodiques, par les dilatations actives, par
des fluxions, par la rénitence.

Elles nous enseignent à distinguer tous
les modes de cette force motrice, et à n'en
pas confondre les effets avec ceux de l'élas-
ticité du tissu ; à ne pas comprendre sous
la dénomination vague d'irritabilité, qui ne
présente strictement que l'aptitude à réagir
subitement et par une secousse convulsive
à la suite d'une impression stimulante, ni
la force de contraction volontaire dont
l'action est si différente, ni celle de contraction uniforme involontaire, ni celle de
situation fixe.

Ce sont les observations pathologiques
qui nous font voir que tous les mouvemens
peuvent se produire d'eux-mêmes, puisqu'on les observe dans des cas où il est
contraire à toute vraisemblance de supposer
l'intervention d'un stimulus, et où ils ne
paroissent pouvoir être rapportés qu'à l'ac-

tion de la cause supérieure qui constitue
l'unité physiologique de l'animal : elles nous
font voir encore que lorsque ces mouvemens s'opèrent à la suite d'une impression
reçue, ils doivent être conçus comme occa-
sionés par une sorte de perception organique de l'impression, et conséquemment
par une espèce de sensibilité locale qui
suit, jusqu'à un certain point, les lois de
la sensibilité de conscience.

Les maladies multipliées qui altèrent le
tissu des solides, et qui modifient les humeurs de tant de manières différentes,
celles qui donnent lieu à des végétations
et à des excroissances ; nous avertissent
de ne pas trop restreindre les facultés vitales, et de ne pas prétendre tout rapporter
à la contractilité et à la sensibilité.

3.º Si la théorie des fonctions mécaniques
a besoin de quelque éclaircissement, c'est
dans la pathologie chirurgicale qu'il faut
le chercher. Les viciations de forme et les
mutilations altèrent ou annulent les phénomènes de cet ordre, et l'observation de ces
effets est d'autant plus profitable que les
défectuosités et les vices sont étudiés dans
le même système où l'on a vu la constitution naturelle. Les faits de cette nature

réalisent les suppositions dont Galien use fréquemment pour faire sentir les avantages de la structure de nos organes ; s'il s'est glissé quelque erreur dans cette manière de raisonner, ou si quelque circonstance de l'action organique des parties nous a échappé, quel meilleur moyen de corriger les inexactitudes ou de suppléer au défaut de notre perspicacité, que l'étude des symptômes essentiels des maladies organiques ?

4.° Tout ce que nous possédons de plus certain sur les fonctions hyperorganiques a été puisé sans doute dans la même source. La lésion ou la perte des organes nous en révèle les usages, en exposant à notre observation les dérangemens de l'économie qui sont la suite de ces accidens.

On peut faire ici deux questions : où est la supériorité des connoissances acquises par ce moyen sur celles qu'on acquiert par les vivisections ? Ne craignez-vous plus que les effets sympathiques de la lésion d'un organe se confondent avec les effets de la cessation de leurs fonctions ?

Voici ma réponse. En premier lieu, souvent l'action des parties est si obscure, qu'il est impossible de l'apercevoir, tant qu'elle s'exerce avec son intensité naturelle ; mais il est des maladies qui l'exaltent au point de la rendre évidente , et la production de ces maladies n'est pas à notre disposition. L'action propre des artères seroit encore un problème , malgré l'ingénieuse expérience de Galien , si dans plusieurs cas d'anévrisme, les pulsations ne se montroient hors de toute proportion avec les battemens du cœur.

En second lieu , il est vrai que les lésions subites ont l'inconvénient que nous avons reproché aux expériences , et ce n'est pas dans ces occasions que paroissent les grands avantages des observations pathologiques. Mais nous savons que fréquemment dans les maladies locales de longue durée , et sur-tout dans celles qui se forment avec lenteur , les relations sympathiques s'affoiblissent , et les effets de la lésion la plus profonde se réduisent à la cessation ou à la dépravation des usages de la partie , sans aucun mélange de symptômes provenant d'une autre sorte d'influence ; et lorsque l'action sympathique ne s'éteint pas tout à fait , elle cesse du moins d'être constante, elle éprouve des redoublemens et des rémissions ou des intermisions complètes, tandis

que les défectuosités de la fonction demeu-
rent toujours les mêmes ou gardent un rapport exact avec l'altération de l'organe.

5.º Qu'est-il besoin de parler de l'histoire
des sympathies ? Toutes celles que ne
démontre pas l'observation journalière de
l'Homme sain, ne nous sont connues que
par les travaux des praticiens. Tous les
effets éloignés d'une affection locale ne se
découvrent qu'à ceux qui peuvent étudier
ces phénomènes chez un grand nombre
d'individus diversement disposés, à la suite
d'affections très - différentes , pendant un
temps assez long pour que les circonstances
fortuites puissent réveiller l'activité des relations intimes ; qu'à ceux enfin que leurs connoissances pathologiques mettent en état de
distinguer dans une maladie compliquée ,
les phénomènes sympathiques de tout ce
qui les embarrasse.

XVI. Quand on connoît, sur les fonctions
privées et sur les usages des organes , tout
ce qu'il a été possible de découvrir , on est
encore loin de posséder toutes les lois de
l'économie animale. Celles qui restent à
étudier sont même pour vous d'une importance supérieure à celles dont nous nous
sommes entretenus jusqu'ici.

8

Tout comme avec les matériaux d'un organe composé quelconque, vous n'oseriez vous promettre de le former, par la pensée, tel qu'il dût exécuter toutes les fonctions, et éprouver toutes les affections que vous y observez ; de même, avec tous les organes que vous avez examinés en détail, votre imagination ne parviendroit jamais à composer l'Homme tel qu'il est. Voyez, par exemple, si les faits généraux que je vais citer peuvent se déduire des connoissances acquises sur chaque partie.

Indépendamment des forces vitales qui résident dans chaque partie et qui sont indispensables à sa vie, il y a dans le corps un surcroît d'énergie, qui peut se distribuer également, ou s'accumuler dans un endroit et y produire une augmentation d'action et d'autres phénomènes insolites, ou passer successivement d'une partie à l'autre.

Quand par une distribution inégale de ces forces disponibles, il est survenu dans un point du corps une augmentation d'action, ou qu'il s'est établi un état insolite de spasme, de fluxion, ou d'éréthisme quelconque ; une impression extraordinaire produite sur un point éloigné peut, dans certains cas, détourner une partie de l'énergie employée à cette action ou à cette affection, et égaliser la répartition des forces.

Plusieurs actes du corps vivant ne peuvent s'exécuter que par le concours d'un grand nombre d'organes, entre lesquels on n'aperçoit aucun rapport anatomique spécial, et dont les actions sont d'ailleurs indépendantes pour plusieurs autres actes; on peut citer pour exemple la toux, l'éternuement, l'hémorragie active avec frisson. Quand le moment de l'exécution est arrivé, les organes qui doivent y contribuer entrent en action ou simultanément ou successivement avec une harmonie étonnante, et l'acte s'accomplit.

Il est aussi des affections composées, telles que l'inflammation, dont les actes élémentaires (la douleur, la fluxion, la phlogose, etc.) ne sont pas unis entre eux par des liens nécessaires. Chaque acte peut exister séparément, et leur coïncidence dans ces affections est l'effet d'une cause analogue à celle qui coordonne l'action de plusieurs organes pour produire une fonction composée.

Rangeons encore ici le sommeil, l'accroissement et le décroissement du corps; les modifications générales introduites par la répétition fréquente de certaines sensations, modifications qui constituent les habitudes;

les maladies constitutionnelles, qui consistent
dans une disposition à produire des symptômes locaux, et dans lesquelles on ne peut
pas délivrer une partie sans s'exposer à voir
des phénomènes semblables se manifester
dans une autre ; la tendance de certains
actes à se reproduire à des intervalles périodiques; l'aptitude à développer des affections, telles que la rage, le cancer, qui
subsiste pendant un temps indéfini, sans
donner aucun signe de sa présence, et
qu'on ne peut raisonnablement attribuer à
aucune circonstance matérielle imaginable;
les efforts médicateurs ; mille autres phénomènes, et la mort même considérée dans le
cas où elle n'est pas due à la lésion des
organes les plus essentiels.

Encore une fois, la Physiologie particulière des organes ne nous donne point les
moyens de prévoir ni d'expliquer ces faits,
soit que les phénomènes intermédiaires,
indispensables pour établir la succession,
échappent à nos recherches ; soit que les
phénomènes observés dans les organes ne
soient pas la cause des autres, mais qu'ils
soient tous des effets coexistans d'une cause
supérieure : quoi qu'il en soit, on est encore
bien éloigné du but, quand on s'est borné

à l'étude de la vie propre et des usages des organes.

De là naît l'obligation d'examiner l'Homme tout entier et de chercher les lois des actes généraux qu'il exécute , par une méthode semblable à celle qu'on a suivie pour la Physiologie de chaque partie. L'Homme sera donc un grand organe que vous étudierez selon la marche expérimentale et dont vous rapporterez encore les actes à autant de principes d'action qu'il en faudra pour *classer* les faits.

XVII. Il est possible que ce nouveau point de vue ne vous paroisse pas aussi riant que le premier ; mais il gagne en importance ce qu'il perd en agrément. Les principaux dogmes de la médecine pratique dérivent de cette manière de considérer l'objet : c'est assez vous en dire.

On s'étonne que la médecine ait marché d'un pas si rapide chez les Anciens , et que ses progrès chez les modernes n'aient pas répondu aux travaux de nos Physiologistes (1).

_____

(1) Quand je parle de la médecine , il est question du corps de la science, des grands dogmes qui la constituent. Le perfectionnement d'un grand nombre de moyens curatifs, l'invention de quelques autres, n'ont guère été que le développement ou l'application de règles anciennement connues.

Je crois qu'on en pourroit trouver la raison dans la direction qu'on a donnée aux études à ces diverses époques.

Les Anciens furent assez heureux pour n'avoir pas la liberté de se livrer aux recherches minutieuses de la Physiologie organique. La religion et les préjugés rendirent les connoissances anatomiques prodigieusement difficiles à acquérir : or le goût pour les expériences ne vient que par l'anatomie. Ils furent donc obligés de se rabattre sur cette Physiologie de l'Homme entier, et de s'y adonner avec d'autant plus de zèle qu'ils n'espéroient rien d'ailleurs. Aussi connurent-ils la plupart des grandes lois de l'économie animale, comme l'individualité physiologique ; l'effet des habitudes ; les forces médicatrices ; l'antagonisme des diverses parties par rapport à la distribution des forces disponibles ; les métaptoses ; les rapports sympathiques entre certaines régions du corps ; l'influence des Âges , des saisons , des climats sur le système des forces ; les variétés de la combinaison de ces forces , qui constituent les tempéramens ; les diathèses ou dispositions morbifiques ; les périodes ou les âges des maladies ; la fermentation vitale des hu-

meurs, le départ qui s'opère entre celles
dont la présence est utile et celles qui sont
des produits dépravés ou nuisibles ; et beaucoup d'autres faits généraux qu'on doit
considérer comme les plus solides fondemens de la médecine pratique.

Les modernes au contraire ont cru arriver
plus sûrement à la connoissance des lois
de l'économie animale par l'examen des organes. Ils se sont donc livrés aux détails,
et ils ont négligé, peut-être dédaigné
comme trop empirique cette Physiologie
du systême total (1). Le perfectionnement
de l'anatomie, et l'application aux expériences ont tourné au profit de la pathologie et du traitement des maladies qui
consistent dans une altération anatomique ;
mais comme il n'a pas été possible de
pousser assez loin l'analyse physiologique
pour se mettre en état de rendre raison des
grandes lois dont je parlois, et qu'il est
resté une immense lacune entre ce qu'on

_____

(1) Haller ne semble pas même vouloir lui donner
le nom de Physiologie, puisqu'il dit, en parlant de
Fernel et de G. Hoffman, *si licet sincerum esse,*
de totâ Physiologiâ, tantis viris vix quidquam
innotuit. L. c.

avoit acquis et ce qu'il y avoit à expliquer, tous ces travaux n'ont nullement augmenté la certitude des dogmes médicaux (1), et nous ont toujours laissés dans l'obligation d'étudier directement les faits sur lesquels ces dogmes sont établis.

Il s'ensuit de là que l'ordre dans lequel nous avons disposé les matières jusqu'ici n'est pas invariable, et que si l'on vouloit faire précéder la Physiologie organique de celle du système entier, rien ne s'y opposeroit. Peut-être même y auroit-il un avantage à prendre ce dernier parti : un grand nombre des phénomènes qui forment l'histoire physiologique de chaque organe, rentreroient dans les lois générales de la synergie, de l'instinct, de l'habitude, etc. En montant, la chaîne s'est trouvée rompue ; il faudroit voir si la continuité s'en conserve en descendant ; puisque les lois de la vie locale n'ont pas pu nous faire deviner d'avance celles du système entier, il conviendroit d'examiner si les lois du système entier ne nous donneroient pas une intelligence plus complète de celles des phénomènes

_____

(1) Fontenelle a ingénieusement présenté cette vérité, dans le dialogue entre Erasistrate et Harvée.

locaux ; ou si ces derniers ne proviendroient pas d'une même cause qui suit la même marche dans l'exécution de tous ses actes.

XVIII. Le plus important des résultats qu'on obtient en considérant l'Homme sous ce point de vue, c'est que tous les phéno-mènes vitaux sont liés par une cause secrète qui les produit au besoin, qui n'obéit pas *nécessairement* aux agens extérieurs qui tendent à les faire naître, mais est *déter-minée* par leur impression ; qui les dispose dans un tel ordre pour les faire concourir à certaines fins, et qui les maintient au degré convenable à l'opération qu'ils doivent actuellement exécuter. C'est cette unité et cette harmonie qui ont de tout temps frappé les Médecins, et pour l'explication des-quelles ils ont souvent admis des causes hypothétiques, telles que des êtres d'une nature intermédiaire entre l'ame et le corps, ou l'action immédiate, non réfléchie et non sentie, de l'Être pensant.

L'inutilité et même les dangers des hypothèses ont été trop bien démontrés pour que je puisse vous conseiller de faire grâce à aucune. Celles même dont les ré-sultats se rapprochent le plus de la vérité, par cela seul qu'elles sont hypothèses, doivent être bannies. Les faits tous nus, sans explication, valent toujours mieux qu'une théorie fictive.

Quant à la liaison qui existe entre les actes vitaux, sa considération est essentielle, et on ne peut se faire des notions justes sur les lois de l'économie animale, si dans l'expression analytique et générale des faits on néglige les termes qui la représentent. Bien plus, la Physiologie du système total et la pathologie cessent alors d'être des sciences.

Puisqu'il faut parler de cette harmonie, il faut un nom pour en désigner la cause. Ce nom doit être tel qu'il fasse allusion aux effets, et qu'il ne préjuge rien sur la nature de la chose nommée : *Principe d'unité*, *Principe d'harmonie*, rempliroient cette condition.

Comme il n'est pas facile de distinguer la cause productrice des phénomènes vitaux d'avec la cause qui les met en harmonie, Barthez a tout exprimé par la dénomination de *Principe Vital.* Ce mot ne signifie donc dans son langage que *la cause, quelle qu'elle soit, de tous les actes vitaux et du rapport mutuel qui les unit.* Quand elle seroit elle-même un résultat, un effet, rien

n'empêche de lui donner le nom de Principe, puisqu'on la considère seulement en
tant qu'elle produit.

Malgré le soin avec lequel Barthez a écarté
de sa doctrine toute influence de l'imagination; malgré l'attention avec laquelle il
a évité les traces de Van-Helmont et de
Stahl, pour se conformer aux règles de
la philosophie Newtonnienne; on a dit que
le Principe Vital est une hypothèse. Mais
il n'y a certes point d'hypothèse à assurer
que le rapport harmonique des actes vitaux
a une cause, et à parler de cette cause
comme un analyste parle d'une inconnue
dont il énonce les fonctions qui l'intéressent. Quoi qu'on en puisse dire, cette
manière de raisonner est exactement celle
de Newton (1).

_____

(1) J'ose même avancer que l'expression *Principe
Vital* est plus conforme à l'esprit de Newton que le
mot *attraction*, parce qu'elle a un sens moins déter-
miné. Celui-ci représente une force qui réside dans
le corps vers lequel un autre est forcé de se mouvoir. Or Newton n'osoit rien affirmer sur la nature
de la cause de la gravité ou du mouvement centri-
pète, et le mot en disoit plus qu'il ne vouloit. C'est
pour cela, je pense, qu'il s'est expliqué plusieurs fois
sur ce qu'il entendoit par le mot *attraction*, notam-

Ceux qui sont étrangers à notre Art ne voient pas quelle utilité il peut y avoir pour la science à rapporter les phénomènes vitaux à un principe inconnu ; ils s'imaginent que ce n'est qu'un moyen d'éluder la recherche des causes, et de masquer l'ignorance. Mais à peine serez-vous initiés dans la médecine que cette objection s'évanouira complètement à vos yeux.

Supposons que vous ayez à exprimer *médicalement* ce qu'est la goutte. Si vous vous permettez des hypothèses, c'est de la peine perdue ; personne n'est obligé de vous écouter. Si vous vous contentez de faire des descriptions décousues des symptômes

---

ment dans le 3.ᵉ livre de l'Optique, *quæst.* 31, où il dit : *Quam ego attractionem appello, fieri sanè potest ut ea efficiatur impulsu, vel alio aliquo modo nobis ignoto. Hanc vocem attractionis ità hîc accipi velim, ut in universum solummodò vim aliquam significare intelligitur, quâ corpora ad se mutuò tendant ; cuicumque demùm attribuenda sit illa vis.* Je ne crois pas, malgré le sentiment de M. Sigorgne, que ces déclarations aient seulement pour but de ne pas rebuter le lecteur préoccupé d'une autre doctrine, mais bien de rendre la science indépendante de l'opinion qu'on se feroit de la cause d'un phénomène principal, dont il cherchoit à déterminer la part dans plusieurs phénomènes composés, par lesquel elle se manifeste, vous aurez manqué à la condition ; vous n'en aurez parlé qu'en historien ; vous n'aurez pas montré la liaison des faits, et sans l'indication de ce rapport, point de Pathologie. Vous ne serez guères plus avancés, si, à l'imitation de quelques sectes, vous vous bornez à classer vaguement la maladie parmi les névroses, les asthénies, les cachexies humorales, les phlegmasies etc. C'est n'envisager l'objet que par un côté, c'est se mettre dans l'alternative de recourir à l'hypothèse, ou de laisser épars des phénomènes qui sont liés dans la nature.

Mais si vous dites que la goutte est une disposition de la cause de la vie et de l'unité, ou comme certains parlent, de la *constitution*, à produire, ou continuellement ou par intervalles, une altération déterminée dans les humeurs, et une viciation spéciale dans les mouvemens toniques des solides ; que cette viciation est réalisée plus particulièrement dans les parties qui sont actuellement infirmes relativement aux autres organes ; que l'état vicieux des forces toniques qui constitue l'état goutteux, est accompagné de douleur et partant de fluxion ; que

s'il coïncide avec le *départ* des humeurs,
il en résulte un mouvement dépuratoire ;
que si la disposition subsistant toujours,
on empêche l'état goutteux des solides de
s'établir dans une partie, le principe d'unité
l'établira dans un autre ; que les lieux où
il le place d'abord sont ordinairement tels et
tels, mais que les habitudes peuvent dans
la suite renforcer ou changer les déterminations ; que les infirmités variables des
organes peuvent rendre ambulatoires les
déterminations du principe d'ùnité, mais
que nous pouvons les diriger jusqu'à un
certain point, en sollicitant une autre distribution des forces disponibles, etc. Si vous
parlez ainsi, vous traduisez fidèlement tous
les faits, mais vous les présentez dans cette
dépendance mutuelle où ils sont réellement ;
en un mot, vous donnez une doctrine sans
hypothèses, et vous fournissez une base à
l'Art.

N'en croyez donc point ceux qui taxent
d'inutilité cette méthode de philosopher,
et restez persuadés, encore une fois, que
si dans l'expression analytique des faits
généraux qui constituent la science de
l'Homme, on omet ce qui rappelle la liaison

harmonique des actes vitaux, il est impossible de former les dogmes sur lesquels repose la médecine pratique (1).

XIX. Il nous reste à dire quels sont les moyens par lesquels on peut s'élever à l'établissement des lois qui constituent la Physiologie du système entier.

Parmi les faits dont se compose la partie de la Physiologie qui s'occupe de l'analyse des forces vitales, de l'usage des parties et des sympathies spéciales, presque tous ceux que l'on nomme hyperorganiques peuvent servir de matériaux, parce qu'en les rapprochant les uns des autres, et en les

_____

(1) Une objection faite à la doctrine de Barthez, c'est qu'elle induit à réaliser une abstraction, c'est-à-dire, à donner une existence substancielle au principe vital. Mais l'opinion que chacun peut se former là-dessus d'après la totalité des phénomènes, ne fait rien à la solidité de la doctrine. Il suffit qu'en posant les dogmes fondamentaux, on se soit tenu à la règle et que le nom de la cause n'ait été employé que d'une manière qui ne préjuge rien sur sa nature. Newton laisse bien percer son opinion particulière sur la cause de la gravité, et cette opinion a fait fortune parmi les modernes. Mais si, comme il le croyoit possible, on venoit à prouver qu'elle n'est pas l'attraction, y auroit-il pour cela une idée à changer dans les théorèmes qu'il a démontrés ?

contemplant sous de nouvelles faces, on découvre entre eux des relations, des liens qu'on n'avoit pas d'abord aperçus. Ainsi je crois voir dans le système osseux lui-même des phénomènes qui rentrent dans la loi de la synergie, mais qu'un examen superficiel a laissés isolés jusqu'ici.

Il n'est pas douteux qu'en examinant toutes les circonstances des phénomènes journaliers les plus apparens, on n'y trouve le fondement de plusieurs lois de l'économie qui ont dû échapper à ceux qui ont vu l'Homme en naturalistes. Barthez, dont les *Elémens de la science de l'Homme* ont spécialement pour objet la Physiologie du système entier, en a su découvrir plusieurs très-intéressantes dans l'histoire du sommeil, dans les phénomènes de la chaleur animale, dans les tables de mortalité. L'instinct, les synergies, l'antagonisme des diverses régions, la sympathie des organes, les habitudes, la tendance aux retours périodiques, et bien d'autres faits généraux de la même importance, peuvent être établis sur des observations aussi communes.

Il est aisé de pressentir que les faits tirés de l'histoire des animaux doivent être employés ici avec encore plus de réserve que par tout ailleurs. Il ne s'agit plus de déterminer les fonctions hyperorganiques d'une partie, par l'analogie tirée des fonctions connues de la partie homologue d'un animal, ou d'assigner l'utilité d'une telle conformation, en observant les effets de l'altération de cette structure dans les autres espèces. N'avons-nous pas avoué que pour la connoissance des lois dont nous nous occupons maintenant, la considération des formes étoit de nul intérêt, et les raisonnemens *à priori* impossibles ? N'est-ce pas même là-dessus qu'est fondée la nécessité de cette nouvelle étude ? Quelque ressemblance qu'il y ait entre les organes de l'Homme et ceux de tels animaux, entre son estomac et le leur, son foie et le leur ; si nous convenons une fois qu'il existe un grand intervalle entre le terme de nos connoissances de détail, et les phénomènes généraux que produit la cause de l'unité physiologique dans chaque espèce, il est clair que les présomptions d'analogie cessent, et que chaque animal doit être considéré séparément (1).

_____

(1) Ici comme ailleurs les faits tirés de l'histoire des animaux ou acquis par les expériences, peuvent être considérés seulement comme moyens de conjecture ou de confirmation. Au reste, on est autorisé à prendre

Mais la source où l'on puisera les faits les plus féconds en vérités utiles , c'est encore l'histoire de l'Homme malade. Soit que dans une maladie , on considère les aberrations des phénomènes vitaux , soit qu'on y suive la combinaison des actes qui tendent à ramener l'état naturel , tout nous éclaire sur les lois de l'économie.

Les preuves de cette vérité sont si nombreuses, qu'on ne sait se déterminer à choisir des exemples.

La dépendance où la cause générale de l'unité physiologique tient toutes les parties du corps , est rendue évidente par la métaptose successive d'une même affection dans des organes bien différemment constitués. Le rhumatisme , la goutte , le cancer , les affections spasmodiques, fournissent souvent l'occasion d'observer des faits de cette nature.

---

par-tout les faits les plus concluans contre les assertions absolues qui intéressent toutes les sciences physiologiques. Quand on a dit , par exemple , que la sensibilité étoit la propriété du tissu nerveux , à l'exclusion de tous les autres : il a été permis de répondre que les zoophytes qui n'ont point de nerfs, ont un sens très-délicat qui les avertit de la présence de leur proie et les détermine aux mouvemens nécessaires pour la saisir.

La faculté que possède le système entier de conserver l'aptitude à produire certains actes dans des temps déterminés, sans que cette aptitude paroisse tenir à aucune circonstance de l'organisation, ni avoir aucun siége particulier; cette faculté, dis-je, est sur-tout rendue évidente par des faits pathologiques. Nous citerons pour exemple la disposition à exécuter les accès d'une maladie périodique, après des intervalles d'un calme parfait, et sans la coopération d'aucune cause extérieure à l'agent qui opère; et la coexistence de plusieurs dispositions sémblables, comme de deux ou trois fièvres intermittentes simultanées, qui entrelacent leurs paroxysmes, opèrent sur les mêmes organes, chacune en leur temps et avec leurs symptômes propres, sans se confondre, même sans s'embarrasser.

Les efforts médicateurs éclairent la doctrine des synergies, et montrent qu'indépendamment des rapports naturels qui existent entre plusieurs organes, et desquels semble dériver la simultanéité de leur action dans l'état naturel, il s'en établit de semblables entre d'autres organes au moment où le concours de leur action peut être nécessaire.

La relation entre les besoins et les appétits devient plus évidente, quand les besoins
deviennent extraordinaires, et les appétits
bizarres. Mais on peut se convaincre aussi
que ce rapport n'a rien de nécessaire, et
que les appétits ne sont pas l'effet d'une
attraction, quand on les voit devenir
bizarres et leur satisfaction être suivie d'inconvéniens.

Si les pressentimens et les suggestions
médicatrices de l'instinct nous apprennent
le rapport étroit qui existe entre le corps
et l'Être pensant, les maladies où ce rapport s'est relâché nous font bien distinguer
le *moi* moral du *moi* physiologique : telles
sont ces fièvres malignes où le trouble de
toutes les fonctions, l'agitation générale,
l'altération sinistre de la physionomie an-
noncent une destruction prochaine, tandis
que le malade n'a plus conscience de ce
qui se passe dans son corps, et rend le
compte le plus rassurant de ses sensations.

Finissons de crainte d'être entraînés trop
loin. Je ne veux plus que faire mention
d'une objection, pour qu'on ne m'accuse
pas de l'avoir dissimulée.

Si la Physiologie doit être la base de la
médecine pratique, comment les faits tirés

de cette dernière pourront-ils servir eux-mêmes de fondement aux dogmes physiologiques?

Cette difficulté s'évanouit dès qu'on songe que la science de l'économie animale de l'Homme est une ; que pour l'étudier, il faut choisir dans les faits qui la composent ceux dont il est plus facile de tirer des principes ; que la collection de ces principes sert ensuite à expliquer ou du moins à classer tous les autres phénomènes dont l'analyse immédiate eût été trop difficile et souvent impossible. Or c'est la formation de ces dogmes qui est le but de la Physiologie (1).

Voilà dans quel esprit cette science doit être étudiée. Perfectionner l'histoire des faits; assigner ceux qui résultent évidemment de l'organisation, et les rapporter aux lois phy-

---

(1) Roger Cotes a très-bien exprimé cette manière de procéder, quand il a dit en parlant de ceux qui s'attachent à la philosophie expérimentale : *Duplici methodo incedunt, Analyticâ et Syntheticâ. Naturæ vires legesque virium simpliciores ex SELECTIS quibusdam phænomenis per Analysin deducunt, ex quibus deinde per Synthesin reliquorum constitutionem tradunt. Præfat. in Newtoni Philosoph. nat. Princ. Mathem.*

siques en vertu desquelles ils s'opèrent ;
choisir parmi les phénomènes hyperorganiques les faits les plus simples, dans lesquels
tous les autres sans exception puissent aisément se résoudre; indiquer tous les lieux où
ils se passent ; déterminer les conditions anatomiques et autres, plus ou moins nécessaires
à leur exécution, et les lois qu'ils suivent,
soit quand ils restent simples, soit quand ils
se combinent ; expliquer les faits les uns par
les autres, et tant dans le choix des phénomènes simples que dans la détermination
des conditions et des lois, ne recourir à ceux
que présentent les autres Êtres vivans, que
comme à des moyens de conjecture ou de
confirmation : telle est la marche qu'il faut
suivre pour donner à la Physiologie médicale toute la certitude dont elle est susceptible.

Si je me suis appesanti sur les instrumens
d'investigation, c'est que je désirois de vous
convaincre que la Physiologie humaine,
privée des secours de la pathologie, est
trop incomplète et trop surchargée d'opinions hasardées, pour être d'une utilité
réelle ; et que les vrais législateurs dans
cette science sont, non pas ceux qui
ont ouvert le plus d'animaux vivans ou

morts ; mais ceux qui doués d'un esprit philosophique (1), et pourvus des connoissances anatomiques les plus exactes , possèdent le mieux cette immensité de faits dont se compose l'histoire de l'Homme sain et malade.

J'aurois été mal entendu si l'on croyoit que je condamne les moyens de recherche dont il me semble qu'il faut limiter l'usage. Loin de moi le projet de vous détourner de l'anatomie comparée et des vivisections : quand je n'y aurois pas reconnu hautement une utilité directe , je vous conseillerois encore de leur consacrer des momens , comme au divertissement le plus analogue à vos devoirs , et le moins capable de vous éloigner des dispositions habituelles où votre esprit doit se maintenir ; le plus propre , en un mot, à vous délasser sans vous désoccuper. Ces exercices seroient au moins pour

---

(1) Je trouve que M. Engel s'est bien mal exprimé quand il a dit de Haller, qu'*il étoit plus grand physiologiste que philosophe* (Idées sur le Geste et l'Action théât. , lettre 18). On n'est pas physiologiste pour savoir beaucoup de faits sur l'économie animale , et on ne peut contester à un Auteur l'esprit philosophique sans attaquer son mérite physiologique.

vous ce que la chasse est pour le guerrier.

Mais j'ai voulu que dans l'âge et dans les circonstances où votre esprit doit déférer à l'autorité, vous sussiez qui sont les hommes dont il est plus sûr de suivre le sentiment; j'ai voulu que les études sévères, et sous quelques rapports rebutantes, qui absorberont dans la suite presque tous vos momens, ne vous fissent pas envier le bonheur de ceux qui se livrent à des travaux plus attrayants, et que vous fussiez persuadés qu'il dépend de vous d'arriver plus sûrement au même but, sans quitter la voie où vous marchez; j'ai voulu enfin que lorsqu'il vous sera permis de vous tracer un plan de recherches, les divers instrumens dont vous emprunterez les secours fussent classés dans votre estime selon leurs services, que les services fussent appréciés sur vos intérêts, et vos intérêts calculés d'après votre destination. Ici comme dans d'autres sciences, certaines questions se résolvent par plusieurs méthodes qui diffèrent entre elles en élégance et en certitude. Malheureusement la plus agréable n'est pas toujours la plus sûre. Or s'il est permis à l'amateur, pour qui la Physiologie est une science de pur agrément, de donner la préférence à des moyens de recherche qui multiplient ses plaisirs, mais qui souvent, au lieu de découvrir la vérité, ne lui en montrent que l'apparence ; il ne l'est pas à celui pour qui cette science sert de base à un art, et à l'art le plus redoutable comme le plus salutaire.

De telles maximes, je le sais, sont si contraires à l'esprit du siècle, elles écartent tellement des voies qui mènent à une prompte renommée, qu'il faut bien de la force pour les suivre. Mais vous devez savoir à votre tour que la vérité veut des sacrifices, et qu'elle est une divinité jalouse dont le temple est fermé à celui qui n'a pas eu le courage de renier toutes les idoles.

F I N.

A MONTPELLIER,

De l'Imprimerie de JEAN-GERMAIN TOURNEL,
place de la Préfecture, n.º 216. 1813.

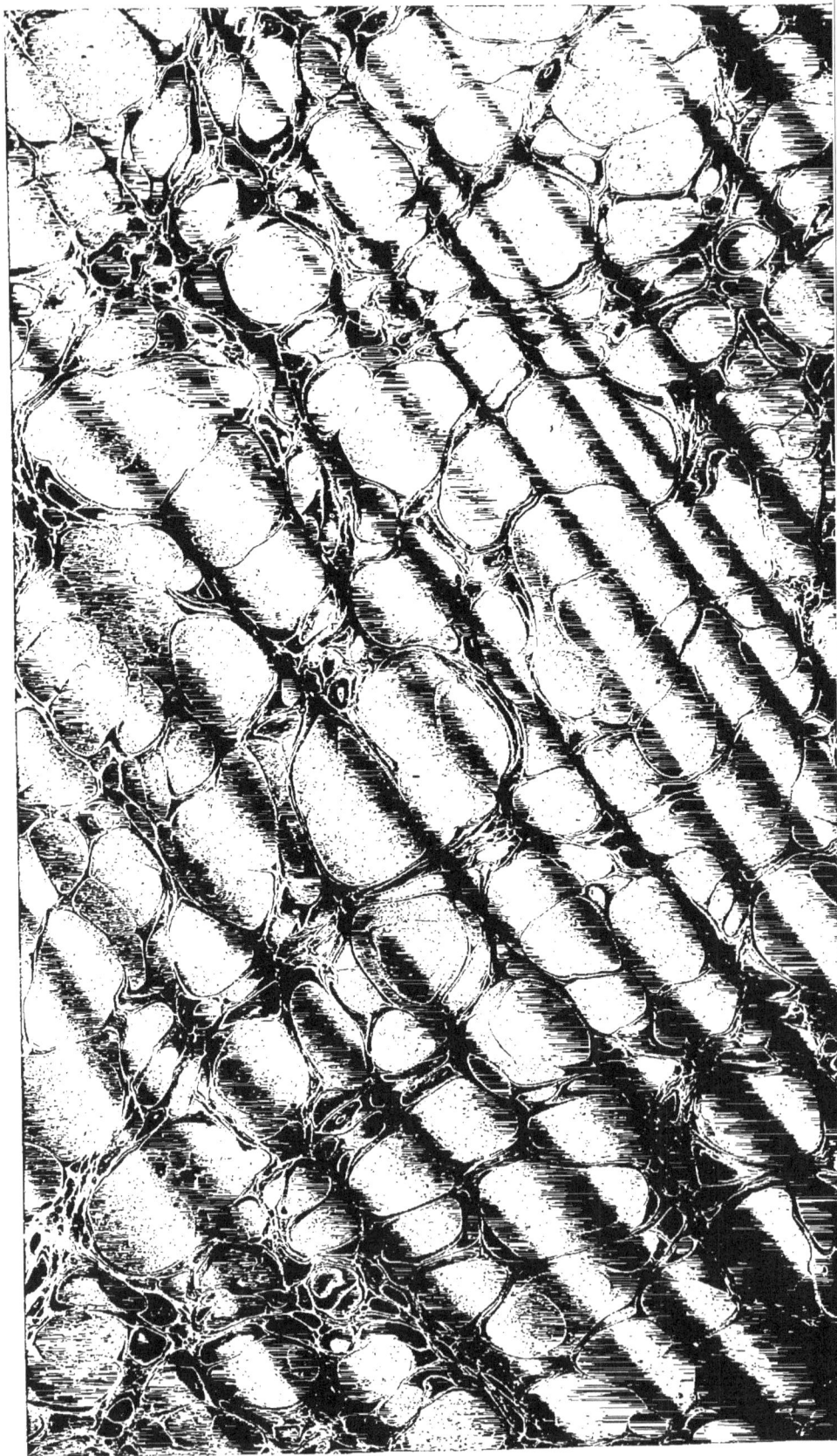

www.ingramcontent.com/pod-product-compliance
Lightning Source LLC
Chambersburg PA
CBHW072058090426
42739CB00012B/2808